天下·文化
BELIEVE IN READING

科學文化 207B
Science Culture

費曼的 6 堂 Easy 物理課

Six Easy Pieces

Essentials of Physics Explained
by Its Most Brilliant Teacher
by Richard P. Feynman

費曼 / 著　師明睿 / 譯　高涌泉 / 審訂

作者簡介
費曼

1918年，理查・費曼（Richard Phillips Feynman）誕生於紐約市布魯克林區。1942年，他從普林斯頓大學取得博士學位。第二次世界大戰期間，他在美國設於新墨西哥州的羅沙拉摩斯（Los Alamos）實驗室服務，參與研發原子彈的曼哈坦計畫（Manhattan Project），當時雖然年紀很輕，卻已是計畫中的要角。隨後，他任教於康乃爾大學以及加州理工學院。1965年，他以量子電動力學方面的成就，與朝永振一郎（Sin-Itiro Tomonaga, 1906-1979）、許溫格（Julian Schwinger, 1918-1994）二人共獲諾貝爾物理獎。

費曼博士獲得諾貝爾獎的原因是量子電動力學成功的解決了許多問題，他也創造了一個解釋液態氦超流體現象的數學理論。他然後跟葛爾曼（Murray Gell-Mann, 1929-，諾貝爾物理獎1969年得主）合作，研究弱交互作用，例如 β 衰變，做了許多奠基工作。費曼後來提出了在高能質子對撞過程的成子（parton）模型，成為發展夸克（quark）模型的關鍵人物。

在這些重大成就之外，費曼將一些基本的新計算技術跟記號，引入了物理學，尤其是幾乎無所不在的「費曼圖」。在近代科學史上，費曼圖和任何其他理論形式相比，可能使人們思考以及計算基本物理過程的方式改變最劇。

費曼是一位非常出色的教育家，在他一生眾多的獎賞中，1972年所獲的厄司特教學獎章（Oersted Medal for Teaching）特別令他驕傲。《費曼物理學講義》這套書最初發行於

1963年，有位《科學美國人》雜誌的書評家稱該書「……真是難啃，但是非常營養，風味絕佳。即使是已出版了二十五年，它仍是教師及最優秀入門學生的指南。」為了增長一般民眾對於物理的瞭解，費曼博士寫了一本《物理之美》（*The Character of Physical Law*）以及《量子電動力學——光與物質的奇異理論》（*Q.E.D.: The Strange Theory of Light and Matter*）。他還出版了一些專精的論著，成為後來物理研究者與學生的標準參考書跟教科書。

費曼也是一位有功於公眾事務的人。他參與「挑戰者號」太空梭失事調查工作的事蹟，幾乎家喻戶曉，尤其是他當眾證明橡皮環不耐低溫的那一幕，是非常優雅的即席實驗示範，而他所使用的道具不過冰水一杯！比較鮮為人知的例子，是費曼於1960年代初期在加州課程委員會的工作，他當時不滿的指出小學教科書之庸俗平凡。

僅僅重複敘說費曼一生中，於科學上與教育上的無數成就，並不足以說明他這個人的特色。正如任何讀過即便是他最技術性著作的人都知道，他的作品裡外都散發著他鮮活跟多采多姿的個性。在物理學家正務之餘，費曼也曾把時間花在修理收音機、開保險櫃、畫畫、跳舞、表演森巴鼓、甚至試圖翻譯馬雅古文明的象形文字上。他永遠對周圍的世界感到好奇，是一位一切都要積極嘗試的模範人物。

費曼於1988年2月15日在洛杉磯與世長辭。

譯者簡介
師明睿

普度大學生物化學博士。先後在衛生署預防醫學研究所、中研院生醫所及生農所籌備處從事研究，參與台灣疫苗政策評估規劃、日本腦炎新款疫苗研發，以及中草藥金線蓮藥理之動物研究，現任職於疾病管制局。暇時從事自由翻譯工作。
翻譯本書第1～5堂課。

審訂者暨譯者簡介
高涌泉

加州大學柏克萊分校物理博士。現任臺灣大學物理系教授，專長為場論與粒子物理，認為量子力學是最奇妙的學問。喜歡柏拉圖、達爾文、愛因斯坦、費曼、魯迅的作品，也喜歡看各式各樣的電影與棒球比賽。除了學術論文以外，著有《另一種鼓聲：科學筆記》、《武士與旅人：續科學筆記》。
翻譯本書第6堂課。

費曼的6堂Easy物理課

目錄

Six Easy Pieces

出版緣起

　　這本《費曼的 6 堂 Easy 物理課》之所以面世，乃是基於我們認為有此需要，把基礎物理知識中，一些經過費曼教授認知、篩選、整理出來的，非常重要但技術性不高的部分，能夠廣為介紹給一般讀者大眾。我們從費曼最著名的劃時代作品，發行於 1963 年的《費曼物理學講義》（*The Feynman Lectures on Physics*）中，挑選出最容易懂的六堂課來，彙集成此書。讀者的運氣算不錯，費曼當年在撰寫該套課程講義時，在討論一些重要議題上，他沒有依樣畫葫蘆按照教科書的慣例，全部倚賴數學的幫助來作闡釋。費曼獨樹一幟，選擇了偏重描述的方式。我們特別把這些個絕少數學式的課程單元，湊合到一塊，遂成為本書的內容。

　　珀修斯圖書公司（Perseus Books）藉此機會，向戴維思（Paul Davies）教授致意，謝謝他特地為這本新輯撰寫了一篇卓有見地的導讀。我們把他這篇導讀放在書首。接下來是從《費曼物理學講義》轉載過來的兩篇序文，一篇是費曼教授本人所撰，另一篇則出自他的兩位當時同事之手。轉載的原因是這兩篇序文裡面，談到《費曼物理學講義》各章之間的來龍去脈，同時也告訴我們一些費曼個人生活細節，以及他對科學的看法。

　　最後，我們要感謝加州理工學院物理系所檔案室的所有工作同仁，特別是古德斯坦（Judith Goodstein）博士的鼎力相助。此外，還要感謝哈特菲德（Brian Hatfield）博士，他從此書的最初起意，到終於付梓出版的這段時日中，不斷提供我們非常寶貴的參考資料和建議。

■中文版編輯說明：

1. 本書《費曼的6堂Easy物理課》與姊妹作《費曼的6堂Easy相對論》都收錄了《費曼物理學講義》轉載來的兩篇序文。為了維持這兩本衍生作品各自的連貫性，在中文版裡，轉載而來的兩篇序文皆放在書末附錄中，請見附錄一〈最偉大的教師〉及附錄二〈費曼序〉。

2. 《費曼物理學講義》英文版是一套三巨冊的巨著（中文版拆成十四冊），成書時間早於《物理之美》。本書的六堂物理課，依序取自《費曼物理學講義》第I卷〈力學、輻射與熱專輯〉的第1章、第2章、第3章、第4章、第7章及第37章（也是第III卷〈量子力學專輯〉的第1章），其中後三堂講解能量守恆、重力理論、量子行為的課，部分內容與《物理之美》略有重疊。

3. 中文版的費曼照片，均購自 the Archives, California Institute of Technology（加州理工學院檔案），獲得授權使用。

導讀
偉哉！費曼

戴維思

社會上普遍有種錯誤的想法，總以為科學是完全客觀的，不但不會因人而異，更不會感情用事。對比之下，科學以外的各種人類活動，則多多少少會受到一般潮流動向、突發的時尚風潮，以及當事人的性格、偏好所左右。唯有科學，得受制於科學社群都同意的規則、步驟，與嚴密的測試、檢驗。科學僅著重於得到的結論，而不在乎誰是做研究、做實驗的人。

以上說法顯然是無稽之談，科學既然靠人推動，就跟其他人類活動相同，都會受到大環境趨勢及個人意念的影響。在科學領域，研究潮流的趨向受到主題素材選擇的影響並不大，卻相當取決於當時科學家對整個世界的看法。

每個時代的科學研究，都會各自開闢路徑，走出自己的不同方向來。一般是由少數幾個能力卓越的人士在前面領導開路，然後大批研究人員在後跟進，那些開拓者不但訂定了此後的研究內容與程序，通常還會指明，什麼是用來解決問題的最好方法。有些時候，少數科學家在獲致相當身分地位後，往往躋身成為家喻戶曉的人物。而其中三、五佼佼者，因為天才橫溢，甚至被整個科學社群尊崇為偶像。

在過去幾個世紀裡，牛頓（Isaac Newton, 1642-1727）一度就是這麼一位科學偶像。牛頓在有生之年，以身作則，樹立起紳士型科學家的典範。他為人熱情虔誠，人際關係良好，遇事不慌不忙，一切講究方法。他研究科學的方式，在其身後長達兩百年期間，被人們模仿，並奉為圭臬。

一直要等到二十世紀的前五十年裡，愛因斯坦（Albert Einstein, 1879-1955）崛起，才逐步取代牛頓，成為科學家心目中的新偶像。愛因斯坦的諸般想法皆與眾不同，他平素不修邊幅，一派德式作風，外表看來一副漫不經心的模樣，其實整個人的心思全集中在研究工作上，是一位不折不扣的抽象派思想家。愛因斯坦喜好追究問題背後的基本概念，也因此改變了近代物理學的走向。

打造新物理學的第一層樓

如今，費曼已經成為二十世紀末物理學界的新偶像，是美國獲得如此崇高地位的第一人。1918那年，費曼出生於紐約州，在美國東海岸一帶成長受教育。因為出生年份稍晚，沒能夠趕上那個發生在本世紀頭三十年間，光輝燦爛的物理學黃金時代。在那個時代裡，物理學有兩項革命性的偉大發現，那就是相對論（theory of relativity）與量子力學（quantum mechanics）的同時興起。除了世人為之觀感完全一新外，這兩樣新發現也奠下了如今我們稱之為「新物理學」這棟大廈的地基。

費曼的事業從一開始，就是在這棟新大樓地基上，協助建造出新物理學大廈的地上第一層。他所做的貢獻幾乎遍及這門新學問的

各個細枝末節，並且深刻雋永的影響到當今物理學家對物質宇宙的看法。

費曼是一位出類拔萃的理論物理學家。他的兩位前任偶像中，牛頓身兼實驗與理論大師，且在修為程度上，雙方面無分軒輊。而愛因斯坦簡直可說是完全藐視實驗，他寧可把自己的一切信念都訴諸於純淨的思考。

費曼礙於所處的時勢環境，不得不創建出一套理論性的說法來闡述大自然，但他卻始終能夠保持不跟那個只顧現實、裡面布滿糟渣陷阱的實驗世界，完全脫節。甚至在他辭世之前不久，年邁的費曼教授還在眾目睽睽之下，手裡拿著一個橡皮環，浸入冰水，來說明「挑戰者號」太空梭何以發生了災難。凡是目睹過那一幕的人，都被深深感動。費曼的確是一位擅長引人注目、並且十分務實的思想家。

在事業初期，費曼在研究次原子粒子理論上，尤其是在所謂的量子電動力學（quantum electrodynamics，簡稱QED）議題方面，闖出了極響亮的名聲。事實上，整個量子理論正因為該議題才蓬勃發展起來。

早在1900年，德國物理學家普朗克（Max Planck, 1858-1947）就提出報告說，以前被大家認為是「波」的光及其他電磁輻射，在與物質發生交互作用時，行為卻很弔詭的像極了一個個小包裝的能量，亦即所謂「量子」（quanta）。由於跟光扯上了關係，這些量子後來又稱作光子（photon）。在1930年代初期，研究這門嶄新量子力學的學者曾經想辦法拼湊出一套數學架構，來描述諸如電子之類

的帶電粒子，如何釋出跟吸收光子。雖然這項早期的 QED 表述系統多少跟實際現象有些相容之處，但它的理論顯然有重大瑕疵。在許多情況下，用它來計算特定的物理問題所得到的答案，往往前後矛盾，甚至出現無窮解。

費曼圖另闢蹊徑

1940年代末期，當時仍甚為年輕的費曼，把他的注意力轉移到這個問題上，開始想法子打造一個不矛盾的 QED 理論來。

為了健全 QED 的理論根基，新理論不但必須切合量子力學的原理，還不得與狹義相對論（special relativity）的原理衝突才行。然而量子力學和相對論這兩套理論，各自擁有獨特的數學機制，裡面各自包含非常繁複的方程系統。理論上，只要把兩個數學機制結合起來，經過妥當搭配，自然能夠產生出一套讓人滿意的 QED 理論素描。不過如此說來似乎容易，要付諸實現可是困難重重，在在需要極高難度的數學技巧。這也正是與費曼同時期的物理學家一致努力的方向，也無怪大夥兒成績都乏善可陳。

然而費曼本人呢，他卻沒跟著大夥兒一起起鬨、兜圈子，他另闢蹊徑，找到了一個截然不同的解決方法。費曼的方法到底有多麼不同呢？事實上，他能夠完全不動用數學，就把答案直截了當的寫下來。

為了幫助演繹他這個憑藉直覺而來的不尋常成就，費曼發明了一套冠以其名的簡單圖解系統——費曼圖（Feynman diagram），雖只是些符號，但在描述電子、光子及其他粒子之間交互作用時所發

生的一切，具有無與倫比的啓發性。如今費曼圖已廣爲科學家採用，當作輔助計算的例行工具，但是當初在 1950 年代初期剛問世時，它可是出乎一般人意料之外，且被認爲是與研究理論物理的傳統方式大相逕庭的做法。

　　雖然量子電動力學在物理學發展過程上，是件劃時代的大事，但是爲它建立一個不矛盾的理論這件事，對費曼來說，僅只是他一生事業的開端。這也考驗著費曼個人獨特的處事風格，此風格種下了宿因，使他爾後在物質科學的諸多項目上，獲致一連串極重要的成果。所謂的「費曼風格」，可以說是一種對人類既有的智慧抱著尊崇但不拘泥的態度。

治學態度灑脫不羈

　　物理學是一門講究精確的科學，其中已累積下來的知識雖仍非完備，卻不能被輕易擱在一邊，不加理睬。

　　費曼年紀輕輕時，物理學上所有已被接受的原理，就已經了然於胸。後來他做研究時所選題材，幾乎全部屬於傳統問題。他不是那種天才人物，喜歡獨自前往人們不注意的範疇內拚命努力，以期能撞見奧妙的新事物。他的特殊天分，是擅長找出與眾不同的方式，來解決熱門的主流問題。也就是說，他能夠避開既有的老套框框，靈活運用直覺，建立他自己的法門。

　　相對之下，絕大部分的其他理論物理學家，篤信謹愼、仔細的數學計算；對他們來說，數學計算不只提供他們到未知領域的方向指引，也是幫助他們隨時保持平衡、避免摔跤的枴杖。而費曼的治

學態度則非常瀟灑不羈，讓你覺得他能夠一眼看透大自然，簡單得有如翻書一樣。然後根據他的了解，不須經過麻煩複雜的分析，就能直截了當的把結果描述出來。

確實，費曼這種做研究的態度，表現出他對拘泥於形式，抱持正面的蔑視。不過我不確知在這背後，需要什麼樣程度的創造天分來配合，才能具體實現。

理論物理學是一種最難的腦力激盪，它是一些難以想像的抽象觀念跟極其艱深複雜的數學的組合。對絕大多數物理學家來說，似乎唯有保持兢兢業業、遵守最嚴謹的心智紀律，才能冀望有所進境。然而費曼顯然與眾不同，他似乎能夠優游於這些嚴肅課題之間，不用聚精會神，卻一而再、再而三，獲得新的成果，就如同從知識之樹上，摘取現成果子一般容易。

一生愛開玩笑

費曼的作風跟他的性情有著極大的關聯，他在工作上和私底下，都似乎同樣把世界當作一場極其有趣的娛樂遊戲，整個物質宇宙以及他周圍的社會環境，都不斷帶給他迷人的疑問和挑戰。

他一生喜愛開玩笑，完全不把官府當局、學術權威看得很重，就像他從來沒把索然無味的數學形式主義放在眼裡一樣。他這輩子從未心甘情願，容忍世間任何他認為愚蠢的事物，只要他發現有任何規範是多餘，或是訂得沒啥道理，他就會斷然我行我素，拒絕遵守該項規則。

在他自傳式的雜記《別鬧了，費曼先生》和《你管別人怎麼想》

裡，有許多讓人忍俊不禁的有趣故事。包括費曼在戰時，以機智修理了負責原子彈機密的情治人員；開保險櫃；以異想天開的果敢行為，解除異性對他的戒心。而相形之下，對他那座因為研究QED有成、得來匪易的諾貝爾獎，倒是抱著滿不在乎、一副可有可無的態度。

除開他厭惡形式框框，費曼對怪異和不明白的事物也非常有興趣。許多人都記得，在他辭世之前不久拍攝的一部紀錄片裡，有一段生動的描寫，講他著迷於一個位於中亞、早已湮滅的古國唐努烏梁海。他的嗜好還包括打森巴小鼓、繪畫、光顧脫衣舞場，以及解譯馬雅文等等。

他那獨特的個性主要是自己培養出來的。雖然費曼不大願意動筆寫東西，但與人交談則口若懸河，一發不可收拾。他極喜歡把心中意念和他過去闖蕩的逸事，當作故事題材告訴別人。這些多年累積下來的軼聞，益發增加了他身上的神祕氣氛，使得他生前就已經成為著名的傳奇人物。

費曼溫良的風度，則使自己備受學生的歡迎，尤以年輕學子為最，往往把他當作崇拜的對象。1988年，費曼因癌症去世，追悼他的加州理工學院學生，展示出一大幅布條，上面簡簡單單幾個大字：「狄克，我們敬愛您！」（狄克是費曼的暱稱。）

傑出的傳道解惑者

隨遇而安是費曼對人生的態度，也是他研究物理的特殊方法，也可說是造就出他這位傑出傳道解惑者的最重要原因。費曼平日忙

到根本難得有時間作正式演講，甚至連指導博士班學生也抽不出固定時間來，然而一旦遇到合適機會，他總能夠即席發表精湛的演說，且十足表現出他在研究工作上的特色，諸如閃亮的智慧、深遠的洞察力，以及絕不人云亦云、拾人牙慧等等。

1960年代初，加州理工學院當局要費曼教一門物理入門課程，對象是剛進大學部的一、二年級學生。在他執行這項任務時，順便給這門課程的內容加上了一些精采的題外穿插，並賦予了自己那種獨特風格：集不拘形式、妙趣橫生、不落俗套等特質於一爐。

幸好他這番寶貴心血，沒有隨著學期結束而煙消雲散。課堂上講解的內容已經被集結成《費曼物理學講義》，留諸後世。在風格與表達方式上，《費曼物理學講義》都跟傳統的教科書大異其趣，但反而因此洛陽紙貴，大大暢銷，並且廣披四海，全世界至今有整整一個世代的學子，都曾經受到它的啟發，被它激勵。在發行了四十多個年頭之後，這部書依然是光鮮亮麗，魅力絲毫不遜當年。

這本《費曼的6堂Easy物理課》，是直接從《費曼物理學講義》精選出來的。原先重輯的目的，是要讓一般讀者從那部劃時代名著內，不太複雜的頭幾章文字裡，直接見識一下費曼的教育家風采。不料這本小書超出了我們的預期，它成為非科學家的物理學入門，也給用來當作介紹費曼這位偉人的初階讀物。

費曼仔細編寫的這幾堂課文中，最讓人印象深刻的是他利用最淺顯的基本概念、極少的數學演算、極少的專業術語，而能引發出廣博深遠的各種物理見解。他知道如何找出恰到好處的類比，或是引用非常普通的日常實例，讓原理的深奧重點自然浮現出來，並且

不會橫生枝節、不至畫蛇添足。

　　本書在題材選擇上，旨意不在使它成為近代物理學的概述，而是提供一個體驗費曼物理觀的引子。我們等一會兒就會發現，他把一些新的見解注入後，譬如力與運動這類既通俗又沈悶的題目，頓時變得鮮活起來。他用日常生活上、或歷史上著名的例子，來說明重要的概念。他處處強調物理學跟其他科學之間有著不可分割的關聯，但也讓讀者確實體認到，物理學是其他科學的基礎。

物理之美在於定律

　　《費曼的6堂Easy物理課》內容一開始，告訴我們物理學植根於對定律的信念。也就是人們相信宇宙間的一切，都是有規律的，而這些規律都可以經過合理的推論，為人們勘破發現。

　　但是所有物理定律都不是透明彰顯的，當我們直接觀察大自然時，鮮能一目了然。它們總是深藏不露，似乎是以微妙的密碼形式蘊含在我們能見到的自然現象中，叫人想盡辦法、歷經挫折之後，仍然難以捉摸。而物理學家對此，有個神祕的解密步驟，就是用小心翼翼設計出來的實驗，結合數學上的推演，來破解隱藏著的定律真相。

　　物理學中最著名的一個定律，大概是牛頓關於重力的平方反比律。本書第5堂課就在討論這個題目，內容從太陽系跟克卜勒（Johannes Kepler, 1571-1630）的行星運動定律說起。

　　但是重力是宇宙間的普遍現象，無遠弗屆。這點讓費曼逮到機會運用天文學跟宇宙學上的例子，使得他的闡述生色不少。在他放

映一張球狀星團的照片，來指出其中所含的眾多光點顯然被看不見的力束縛在一起的時候，他變得很情緒化的說道：「任何人如果從這張照片裡看不見是重力在起作用的話，此人一定是失了魂。」

其他已知的定律，是關乎自然界中形形色色的非重力的力，用來解釋物質粒子之間如何交互作用，這些不同的力為數並不多。而在這方面，費曼本人有個與眾不同的地方，是他身為歷史上僅有的少數幾位發現物理新定律的科學家之一。他的發現，跟一種影響某些次原子粒子行為的弱核力有關。

談對稱，說守恆

高能粒子物理在第二次世界大戰後，成為科學王冠上最耀眼的明珠。當時各國紛紛建造出一個個龐大的加速器，而且緊接著的一段時間內，似乎沒完沒了的，有許多次原子粒子陸續被人發現。整體上，高能物理給人的印象不只是明珠般耀眼，簡直可說是嚇人。

那時期費曼的研究工作，主要是解釋紛至沓來的實驗結果。那時候粒子物理學家普遍有個共同看法，就是應該以對稱律與守恆律為出發點，把形形色色的諸多次原子粒子群，異中求同，整理出一些頭緒來。

事實上，粒子物理學家此時所注意到的許多對稱性問題，在古典物理學早已不是陌生的議題。那些對稱性的議題主要源自空間與時間的均勻性。就拿時間來說吧，除了宇宙學中有個大霹靂（big bang）算得上是代表時間的起始外，物理學就沒有任何其他東西可以用來判別時間上的先後次序。物理學家常說，世界「不因時間的

平移而變化」，意指在做各種物理測量時，無論你是選擇子夜或是正午當作零點，對於被描述的物理現象來說，完全不會因此而產生任何差別。一切物理過程都不需要有個時間上的「絕對零度」。

　　這個在時間平移情況下所表現出來的對稱性，卻意外暗示出一個最基本、最有用的物理學定律，那就是能量守恆律。能量守恆律說，你可以把能量搬來搬去，甚至改變它的形態，但你既不能創造它，也無法毀滅它。

　　費曼借用漫畫人物淘氣阿丹的有趣故事，把這條定律解釋得一清二楚。淘氣阿丹喜歡惡作劇，經常把積木藏了起來，捉弄他的媽媽（詳見第4堂課）。

量子力學駭人聽聞

　　書中最具挑戰性的一篇講義乃是最後一堂課，解釋量子物理。若說量子力學稱霸二十世紀物理學，而且是有史以來最為成功的一套科學理論，則一點也不誇張。

　　如今我們若要了解各種物理現象，諸如次原子粒子、原子與原子核、分子與化學鍵、固體結構、超導體（superconductor）與超流體（superfluid）現象、金屬和半導體的電與熱傳導性質、恆星的構造等等，全少不了量子力學。在實際應用上，它更是牽涉廣泛，從雷射（laser）到微晶片，不一而足。

　　所有這些萬象，全導自一個叫人難以接受的理論，它不但讓人初看之下覺得荒誕不經，再看之後依然無法相信！量子力學開創人之一的波耳（Niels Bohr, 1885-1962）就曾經宣稱：只有尚未搞清

楚這項理論的人，才不會被它嚇住。

　　問題的根源是，量子觀念跟我們從現實所得到的常識印象，不但不吻合，還格格不入。特別是我們會認為，像電子或原子既然是實質的物體，就應該各自擁有它獨立的存在空間，是以在任何時刻皆會具備一整套物理性質。但這個看法本身就大有問題。譬如事實上，一個電子就無法同時擁有確切的空間位置以及確切的速率。如果你想單獨找出某一個電子的位置，沒有問題，你可以藉由測量方法為它定位。如果你要單獨測出它的速率，也沒問題，你一樣會得到明確的答案。但是你卻不能針對同一個電子，同時進行這兩項觀測。而在沒法同時觀測的條件下，若要硬說電子同時具有明確的位置與速率，當然毫無意義。

　　這種原子粒子性質的不確定性，正是著名的海森堡測不準原理（Heisenberg's uncertainty principle）的要義。測不準原理告訴我們，在同一時刻測量到的一些物理性質，諸如位置、速率等，準確度會受到一定的限制。位置的測定數據值愈是精確，速率測定就會變得模糊起來，反之亦然。在涉及電子、光子及其他粒子的運動方式裡，都廣泛的呈現出這種量子模糊現象（quantum fuzziness）。

　　某些實驗能夠顯示，粒子遵循著確切的路徑劃過空間，就像子彈順著彈道射向目標一樣。但是在不同安排下，另外一些實驗卻顯示，前個實驗裡的同樣這些粒子，舉止卻一如波，呈現出波特有的繞射（diffraction）和干涉（interference）等模式。

　　針對著名的雙狹縫實驗結果，費曼的巧妙分析，已經成為科學闡釋史上的一則經典範例。其中他把「駭人聽聞的」波粒二象性抽

絲剝繭的剖析了出來。費曼借用了少數幾個極簡單觀念，把讀者帶
領到量子理論的祕密核心，讓讀者大眾面對那兒所展示的、非常弔
詭的量子真相本質，看得目瞪口呆。

獨創路徑積分法

雖然早在1930年代初，量子力學已經登上了教科書，但是由於
費曼不喜盲從權威的天性，即使他寫此書時年紀很輕，卻寧願自己
另創一套方法來解說這項理論。費曼方法的優點，是供給了我們一
個清晰的畫面，從而了解自然界裡的量子詭異現象和運作。

費曼的理念重點是：在量子力學中，粒子穿過空間的路徑一般
都不是非常明確的。我們可以想像有一枚自由運動的電子，從A點
行進到B點之前，它並非如同我們依據常識的判斷，理所當然的只
走兩點之間的直線而已，而是一大堆左搖右晃的不同路線。費曼要
我們想像，實際上那個電子會去試探所有的可能路徑，因而在無法
測定那個電子到底走了哪條路的時候，我們必須假設，所有可能的
不同路線都或多或少要對實際呈現的結果做出一些貢獻。因此當一
個電子到達空間中的某一位置，例如目標屏幕時，在那一剎那之
前，可能有許多不一樣的歷史，它們都必須整合起來，才能真正抓
住這個事件的因果、始末關係。

費曼的所謂路徑積分（path-integral）或歷史總和（sum-over-
histories）法，用來處理量子力學，可清楚表達出：這個不尋常的
量子力學概念無非是建立在一個數學程序上而已。

他這個看法發表後，有許多年不太被別人當一回事，咸認為不

過是奇談一樁罷了。但到後來，當有些物理學家想要探測量子力學的極限，並試著把它應用到重力或甚至宇宙學上時，居然發現費曼的方法提供了大家一個描述量子宇宙的最好計算工具。青史上將來一定會有公斷，費曼提出的量子力學路徑積分法，在他一生對物理學的眾多傑出貢獻中，影響是否最爲深遠。

最深刻的科學哲學家

　　這本書討論到的許多觀念，哲學意味都非常濃厚。但奇妙的是，費曼一生卻從不相信哲學家。

　　我有一次出難題問他，數學及物理定律之間有何本質上的關係？抽象的數學定律可否認定成一種獨立無羈絆的柏拉圖式存在而已？費曼起先發表了一段興致洋溢、極富巧思的說詞，解釋爲何至少從表面上看來，事實確乎如此。但當我進一步逼迫他，要求他就此爲例，表明他的特殊哲學立場時，他馬上把話題打斷岔開。同樣有次當我企圖逗引他，請他發表一番他對化約主義（reductionism）的看法時，一向口若懸河的他，即刻變得謹愼木訥起來。

　　經過事後思考，我如今相信，基本上費曼並非故意蔑視哲學問題。正如同他能夠不動用系統數學，卻做好了數學物理學一樣，他未嘗借用系統化哲學理論，卻能夠創造出一些非常棒的哲學見解。費曼對哲學之所以閉口不談，是厭惡哲學中的濃厚形式主義色彩，而非它的內涵。

　　隨著世局環境變遷，許多往事一去不再，將來要再出現另一個費曼，恐怕沒有那麼容易了。費曼十足是因爲他出生年代的時勢際

會，而造就出來的英雄豪傑。費曼的行事作風在處理以下的主題時最見成效，就是鞏固改革成果，並且拿這成果當作起點，從事更深遠的探索。

戰後不久，物理學的基礎已經相當穩定，理論架構也漸臻成熟，唯獨的負面形勢，就是袖手旁觀、跟著起鬨的人多，真正動手動腦、從事開創的人少。費曼自甫出校門，即邁入一個充滿許多抽象概念的奇境，然後他把個人獨創品牌的思想，深植於許多世人的心中。這本書給了我們一個難得的機會，得以一窺這位偉大人物的內心世界。

編注：本文作者戴維思（Paul Davies）為澳洲阿得雷德大學（University of Adelaide）理論物理教授，著名科普作家，著有《最後三分鐘》等二十餘本書。

運動中的原子

假設有那麼一天，地球發生巨大災難，

把已有的科學知識悉數摧毀，

只剩下一句話，讓僥倖活下來的人傳遞給子孫。

什麼樣的句子能夠以最少的字，包含最多的知識呢？

我相信那就是：

「一切東西皆由原子構成。」

1-1　物理該從哪兒學起？

我們提供這門連續兩年的物理學課程，是基於一個構想，那就是讀者你將來的志趣是要成為物理學家。當然這絕不意味著，將來不想要當物理學家的人就不該讀這部書。這只是任何一門課的任課教授一定都得這樣假設罷了！不過如果你果真要當物理學家的話，你可是有著一大堆東西該去學習的，因為過去兩百年來，物理學是發展得最快速的一門知識學問。累積知識之多，你會認為即使花四年時間也學習不完。事實上也確乎如此，大學四年之後，你還得上研究所呢！

相當叫人吃驚的是，雖然長久的兩百年時間內，世上的物理學家做了許許多多的研究，得到了的大量結果，卻可以大幅度的濃縮起來。也就是說，我們可以分門別類，把類似的結果歸納成各種簡單、明確的**定律**（law），來概述我們所有的知識。雖然話是這麼說，這些定律可是非常難以掌握，任何人若要開始研究這麼難的課題，最好得先準備一些諸如導引圖、大綱之類的基本資料，藉以明瞭科學各類課題之間的相互關係。基於這個粗淺的看法，我們將用前三章，把物理與其他科學之間的關係、各門科學的相互關係、以及科學的意義，描繪出個輪廓來，幫助我們對這門課建立起一些「感覺」來。

你也許想要問，為什麼我們不師法歐氏幾何學（Euclidean geometry）的方式？歐氏幾何學的做法是先陳述公理，然後做出各

式各樣的演繹。我們可以從第1頁開始，就把物理學有關的一些基本定律逐條列舉出來，接著分別說明在所有可能情況下，它們各自如何運作。（啊！我知道了，你一定是嫌花四年學物理，時間太長，你恨不得在四分鐘內，就能夠把物理學完吧？）我們有兩個理由不能夠這麼做，第一，到目前為止，我們還不完全**知道**所有的基本定律，事實上，我們不知道的事情是愈來愈多。第二，要正確描述物理學的定律，得牽涉到一些非常稀奇古怪的觀念，而這些觀念的說明，需要用到高深的數學。因此，任何人學習物理學，得受相當多的預備訓練，即使學習有關的**詞彙**亦不例外。總之，學物理沒有捷徑，我們只能一點一滴慢慢來。

　　整個自然界中每一小件事物或每一小部分，永遠只是絕對真實（或者應該說我們認知上的真實）的**近似**（approximation）而已。事實上，我們所知道的每件事都只能說是某種近似而已，理由就在於**我們確知我們還不清楚所有的定律**。如此一來，我們必須先有心理準備，好不容易學到的知識，說不定何時又會被人發現不妥當，必須整個翻案或者局部修正。

　　我們幾幾乎乎可以把科學的主旨，定義為**一切知識有賴實驗來檢驗真偽**，或者說實驗是科學真理的**唯一裁判**。但是知識的源頭究竟是啥？而那些接受檢驗的定律又是從哪裡冒出來的？固然實驗本身藉由它的提示作用，賦予我們一些靈感，幫我們製造出這些定律來，但是在過程上，我們還需要有豐富的**想像力**，才能把實驗結果裡的許許多多提示歸納起來。也就是對隱藏在事物表面下，各種既奇妙、又單純、可是又非常怪異的共通模式，做概括性的揣測。然

後再透過實驗去查核所揣測的是否正確。

　　這樣子的想像步驟，著實是非常不容易，以致於做研究的物理學界人士，為之分成了兩個陣營。其一是**理論物理學家**（theoretical physicist），他們的工作是想像、推演、猜想出新的定律來，但不做實驗。然後是**實驗物理學家**（experimental physicist），他們則是做實驗、想像、推演、以及猜想。

　　我們前面說過，自然律（laws of nature）都只是些近似的揣測。通常我們會先發現一些「不太對的」定律，然後才發現一些「改正了的」定律。問題是實驗怎麼可能會搞成「不太對的」呢？首先是些小地方，譬如所用的儀器出了故障，而你可能沒有覺察到，以為儀器運作正常，哪裡知道實驗結果完全荒腔走板。不過這點不難克服，只要經常仔細對照檢查，應能及時發現問題，就不會造成意外結果。

　　那麼如果可以肯定沒有這類小意外，實驗結果又如何**能夠**不太對呢？唯一的原因就是實驗做得不夠精確。比方說，以前人們發現，每一件物品的質量好像一直都不會改變，一個陀螺在旋轉時，重量跟它靜止時完全相同。因而早期人們發明了一則「定律」，說質量固定不變，與速度沒有關係。這則「定律」如今已經被人發現不對，質量實際上是跟著速度加快而在增加的，只是速度必須接近光速時，質量上的增加才能夠測量得出來。所以，**真實**的定律應該是這麼說：要是一件物品的移動速率小於每秒100英里，它的質量變化不會超過百萬分之一，用一般的測量方法無法量出來。在此預設條件下，我們姑且認為質量是固定不變的。

　　這樣的近似說法，就變成了對的定律。不過在實用上，有人可能認為，這個新的定律跟原來的並沒有什麼顯著差異。這樣子的認定是對、也是不對，因為如果只是我們尋常見到的速率，就壓根兒不必計較，原先簡單的質量不變定律就差不到哪裡去。但一旦速率變得很高時，質量不變定律就會顯得與事實不符，而且速率愈高，不對的程度也就愈大。

　　最後，也是最耐人尋味的一點是，**以哲學觀點來看，任何近似定律都是完全錯誤的**。因為即使質量變化非常微不足道，我們對於世界的觀點卻因此得完全更動。這是藏在定律背後的哲學基礎或觀念所具有的特質，往往我們為著一丁點不起眼的效果，而必須在觀念上做極其重大的改革。

　　那麼我們應該先教些什麼呢？是一開始就介紹那些<u>正確</u>、但卻不熟悉的定律，以及它所秉持的一些稀奇、難懂的概念？比如相對論、四維的時空等等。還是先教些簡單易懂的如「質量不變」定律？雖然明知都只是一些近似的玩意兒，但好處是不牽涉到太困難的觀念問題。前者比較刺激、新奇、有趣，後者則比較容易一聽就懂，並且往往可做為真正瞭解新觀念的第一步。這項選擇題在教物理學時會一再出現，每次取捨則都得依情況而不同。不過在每一個階段裡，最好能夠瞭解到目前已經知道多少，所知道的有多精確，和同時學到的其他東西要如何互相配合。而且心理上早有準備，學到後來，知道得更多之後，隨時還可能有變數發生。

　　現在我們就要開始，把現代科學知識的輪廓或大綱，描繪出或排列出來。此處當然是以物理學為主，而以其他科學為輔。目的是

將來逐一討論特殊議題時，我們會對該議題的來龍去脈、有何重要性，以及與整個科學大局有啥關聯，預先就有所瞭解。那麼就整體來看，世界究竟是個什麼樣子呢？

1-2　物質由原子組成

假設有那麼一天，地球發生巨大災難，把已有的科學知識悉數摧毀，只剩下一句話，讓僥倖活下來的人傳遞給子孫。什麼樣的句子能夠以最少的字，包含最多的知識呢？我相信那就是一般所謂的**原子假說**（atomic hypothesis）。有人喜歡把叫它原子**事實**，你也可以任意給它取一個另外的稱呼。在此名稱不是重點，重點是它的含意，就是**一切東西皆由原子構成**。

原子是什麼呢？原子是很小很小的粒子，永遠不停的動來動去。個別原子之間，若稍有一點距離時，它們會互相吸引。但一旦受到外力擠壓，彼此因而靠得太近時，又會互相排斥。從這一小段話，加上一點想像跟思考，你就能夠瞭解自然世界的**極多**事情。

要展現「原子」這觀念的威力，讓我們先來瞧瞧水滴。就拿直徑大約四分之一英寸的一滴水來說，它擺在我們眼前，不管我們以多麼近的距離去看，看起來全是一個樣，都是平滑、連續的水。甚至我們可以透過世上最好的光學顯微鏡，先把它放大到大約 2,000 倍，水滴的長寬變成了 40 英尺左右，大小跟一間大型房間差不多，我們再仔細去瞧，看到的**仍然是**相當平滑的水。只是這回水裡，到處是些美式足球形狀的東西在游來游去，非常有趣。

　　這些東西原來是草履蟲。你很可能就此停止看水，把原先對水的好奇心轉移到草履蟲身上，想知道為什麼牠身上的鞭毛會搖擺，身體會扭動。這時候你可能會希望把草履蟲再放大一些，看看它身體裡面究竟有些什麼東西。當然這樣一來，就變成了生物學上的課題。但是目前我們最好還是不要因此打岔，仍舊把我們的注意力放在水上頭。繼續再把它放大個 2,000 倍，於是該水滴的大小，變成了大約 15 英里寬，這時我們若非常仔細去瞧，可以看到一大堆的東西，水表面也不再看起來像以前那麼樣平滑，倒有些像從極遠處，看足球場內萬頭鑽動的觀眾。

　　為了想知道這堆東西到底是怎麼回事，我們還得把它繼續放大 250 倍，於是我們能看到如圖 1-1 中的畫面，這是一張把水放大了 10 億倍的示意圖，圖中有些地方不免理想化了一些，而跟事實有了些差距。第一，其中的粒子畫得過於簡單、輪廓分明，就與事實不符。第二，為了簡便，故意把它們畫成二維空間或平面排列，但是它們實際上是在三維空間內跑來跑去。

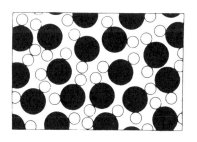

圖 1-1　放大 10 億倍的水

注意圖內是用兩種球或圓圈，分別代表氧原子（實心）和氫原子（空心），而每一個氧都是跟兩個氫綁在一塊。這綁在一塊的氧跟氫組成的小單元就叫做分子（molecule）。把這個圖理想化的另一個原因是，實際情況下自然界所有的粒子，都是不斷的在搖晃、碰撞、旋轉，同時扭來扭去，你必須想像它是一幅動畫。還有一件無法從畫裡表達說明的事實，就是這些粒子給「綁在一起」了，彼此之間相互吸引、拉住，以致整體上被膠合在一起；但另一方面，這些粒子彼此不會無限靠攏，你若設法擠壓兩個粒子，到了某個距離以下，原先的吸引力會反過來變爲排斥力。

原子的半徑約爲 1×10^{-8} 到 2×10^{-8} 公分，我們把 10^{-8} 公分定爲一個單位，稱爲 1 **埃**（angstrom，記成 Å），所以我們說原子的半徑約1 到 2 埃。另有一個容易記憶原子大小的方式是，如果我們把一個蘋果放大到地球一般大小，那麼蘋果裡的原子，就大致上變成蘋果原先的大小。

現在讓我們想像這個巨大的水滴，裡面全是活蹦亂跳的粒子，由於粒子互相牽扯在一起，加上分子之間的吸引力，以致整個水滴不會分崩離析，且能維持體積不變。如果這滴水給放置在斜坡上，它會流向低處，但不會陡然間消逝不見，也就是說沒有東西會突然飛散掉，這是由於分子吸引力的關係。但粒子會上下左右搖晃，這我們用**熱**來表示，當我們把溫度提高，粒子的搖晃動作會增劇。

如果我們把水加熱，水分子晃動程度增高，使得原子彼此之間圍起來的**體積**變大。如果繼續加熱下去，一旦分子之間的拉力不夠用時，分子**會**彼此完全分離而飛散開來，當然這即是我們用增加溫

度，從水製造水蒸汽的方法，水中粒子藉運動量增加而飛離散開。

　　圖1-2是一張水蒸汽圖，不過一看就知道這跟事實的差距很大。因為在通常的一大氣壓之下，如果水分子有圖中畫的那麼大，一整間房子大的空間裡可能就只有少數幾個分子而已，哪有可能在圖上這一丁點地方就能數到3個。我們若真是按照比例來畫的話，絕大多數這麼大的框框裡，根本看不到任何分子，遑論一下子就是3個。這樣畫只是免得圖中空空的不好看罷了。

　　不過從這張圖裡，我們可以把水分子的特性看得更清楚一些。為了簡便起見，分子裡的兩個氫跟同一個氧配置的夾角角度，畫成了120度。但事實上，該角度應該是105度3分，而氫跟氧的兩個中心點距離等於0.957Å。所以你瞧，我們對這個分子，已經知道得非常清楚了。

　　現在讓我們來看看，水蒸汽以及任何其他氣體的一些共同的物理性質。氣體分子之間，雖然彼此分離得很遠、沒什麼瓜葛，但是

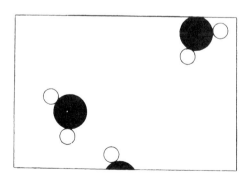

圖1-2　水蒸汽

每個分子無論它朝哪個方向移動，都遲早會撞上內牆。就有如關在同一間屋子裡，有百把來個往各個方向、永遠不停飛來飛去的網球。每次它們撞到房間牆壁的那一剎那間，本身倒彈回去之外，也給了牆壁一推，把牆壁推了出去一點點。當然屋子外邊，也有著相當的推力，會把牆壁又推回到原位。就以如此方式，氣體對外造成斷斷續續、小而密集的推力。不過我們遲鈍的觸覺，覺察不到一次次單獨碰撞，只能感受到一股**均勻的推力**。

若要限制氣體的體積，不讓它自然膨脹，我們必須對它施壓，以克服上面所說的推力。圖 1-3 裡面，畫的是用來盛氣體的標準容器，就像所有教科書裡畫的一樣，照例是個圓筒形的罐子，配上一個能上下移動的活塞，用來改變罐子的容積。在這兒，水分子的形狀已經無關緊要，為了省事，我們把它們畫成一個個小圈，或是小點都可以。

這些分子不停的朝各個方向運動，其中向上移動的，自然會不斷撞擊到罐子上方的活塞，使得活塞一丁一點的往上移動，罐子的

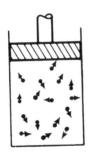

圖 1-3

容積跟著逐漸膨脹。為了避免整個活塞被推出了氣罐，我們必須施加某種形式的力，壓住活塞，不讓它一直上移。這加諸活塞的力除以活塞的面積，我們就稱為**壓力強度**（pressure，簡稱壓力）。

很明顯的，這股施力的大小，應當跟活塞的面積呈正比關係，因為如果我們保持氣體裡每立方公分體積內的分子數目一定，卻擴大了活塞的面積，則總共向上撞擊到活塞的分子數目必然會增加，且兩者增加的比例一致。即如果面積增大一倍，撞擊數目或是加諸活塞的總力，也同樣增加一倍。

現在讓我們設想一下，如果把氣罐內的分子數目增加成原來的兩倍，使得它的密度倍增，但同時讓分子保持原有的速率，也就是維持氣罐內原有的溫度。於是分子碰撞活塞的次數，大致說來，也會增加成原來的兩倍。而每一次碰撞的「力道」，也應該跟以前相同，所以壓力會跟密度呈正比，同樣倍增。

但是如果我們考慮到原子之間本來就有各種吸引力的存在，就會預期到，實際壓力的增加應該比單純的倍增稍微低了一些。原因是密度增大後，原子之間距離跟著減縮，吸引力變得較強，彼此拉住，抵消掉一些擴張的壓力。但另一方面，由於分子本身多少占有一些體積，分子數目倍增後，容器內除開分子體積，剩餘的真正空間變小了，所以實際壓力反會因此比計算值稍微高出一些。這兩個獨立而效果正好相反的細節因素，各自都會發揮一些影響力，其間消長，多少得看實際情況而定。

無論如何，再讓我們回到剛才的主題。如果是氣體密度夠小，空間裡的原子數目不很多的情況下，**壓力跟密度呈正比**的理論關

係，與實際情形非常近似。

我們還可以順便看看其他相關狀況。如果我們只是提高溫度，但不改變氣體的密度，也就是說，我們只是增快原子的速率，會對壓力產生什麼影響呢？我們知道，原子的速率增快後，它每回撞擊的力當然會大一些。而且由於橫越容器所花的時間減少，同一個原子回頭再來碰撞活塞的頻率隨之增高，致使總碰撞次數上升，所以壓力一定會增加。你瞧，原子理論裡的觀念是多麼容易理解呀！

讓我們再考慮另外一個狀況，假設那個活塞正在向下移動，容器內的原子被慢慢擠壓到一個愈來愈小的空間裡。當一個原子衝撞到迎面而來的活塞，什麼事會發生呢？答案是該原子會從撞擊中導致自己速率的增加。你可以做個實驗，拿一個乒乓球擲向迎面揮來的球拍，你應會看出碰撞球拍後倒飛回來的球，速率比撞上球拍以前還要快些。如果你對速率不是很敏感，即使做了實驗，仍然無法很肯定，你還可以這麼想像：有個原子在撞上活塞前，恰巧停止不動，一旦讓活塞碰上，它當然會立即被彈開、會動了起來，從靜到動，速率不是增加了嗎？

因此，所有原子在碰撞活塞過後飛開時，速率已經加快，都變得比碰撞前還要「熱一些」，這些熱經過擴散之後，使得整個容器內的原子全都增快了速率。如此一來，意味著**當我們慢慢壓縮氣體時，氣體的溫度會逐漸上升**。既然氣體會在緩慢**壓縮**之下而**升溫**，當然也會因緩慢**膨脹**而**降溫**了。

現在我們再回到前面提過的那滴水，只是換個角度來看。假如我們把這滴水的溫度降低，讓水分子跑來跑去的動作逐漸減緩。我

們知道原子之間原本有些吸引力，在溫度降到極低時，分子運動慢到一個程度後，就會出現圖1-4中的情形。所有分子不再亂跑，位置都被固定，大家很有秩序的按照一定方式排列起來，結果就是冰。這張冰的結構圖由於只是平面的，當然不可能很正確，不過就表達功能上，已經滿不錯了。

有趣的一件事是，冰裡邊**每一個原子都有它自己明確的位置**。你應當不難瞭解，假如我們能夠用某種方式握住這滴冰的一端，讓它位置固定，由於內部各原子已經排好，彼此間形成了一種剛性結構，冰滴的另一端即使在數英里之外（這滴冰已經被放大了許多許多倍，才看得見原子，記得吧！），位置也會跟著給固定了下來。實際上的情況是，如果我們用手抓住一根冰針的一端，再用手去撥動冰針的另外一端，它已經不再像水一般柔順，會依隨外力的擺布。水裡面各個原子原本沒有固定的位置，大家會前後、左右、上下，到處亂跑亂竄，以致於整體說來並無結構可言。這就是固體跟

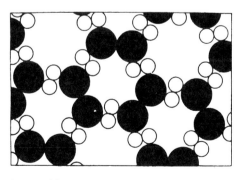

圖1-4　冰

液體之間的差異所在，固體中的原子全按照一定秩序排列成所謂的**晶體陣列**（crystalline array）。因而一旦有一端固定，整個晶體也就跟著固定了下來。另一端裡面的原子，雖然與固定了的這一端，中間相隔數百萬個原子，其位置也都可以計算出來，不會有任何變動。

　　圖 1-4 是憑想像畫出來的冰原子排列，不是所有的細節都跟真實的情形相符合。其中一樣正確的細節，是它指出了冰晶體的一項特性，那就是具有六邊形的某種對稱。你看，如果我們把這張圖繞著一個點來旋轉，每轉 120 度，它會回復到原來的樣子。冰結構裡的這項特殊**對稱**性質，是造成雪花六角形外觀的原因。

　　從圖 1-4 中，我們還可以瞭解到另外一個現象，那就是冰在融化時，體積會縮小。圖上所顯示的冰晶體架構有著許多「窟窿」留在裡邊，實際情形也確是如此。一旦這個架構遭拆散而解體，這些原先架在冰裡的窟窿，會被周圍的水分子填補起來。於是整個來說，體積就縮小啦！除了水與活字版用的合金外，大多數簡單物質在熔融時，體積都會**膨脹**。那是因為在一般固態晶體內，原子多是一個挨著一個，排列得非常緊密，而熔融後各個原子位置不再固定，原子到處亂跑之餘，需要較多活動空間。冰是個例外，乃是由於它的特有的空架子結構。

　　雖然冰有著「剛性的」結晶構造，它的溫度仍然會改變，也就是冰依然含有不同程度的熱量。冰裡邊原子的位置既然全給固定住了，那麼冰的熱量是怎麼回事呢？原來冰裡邊的原子雖然不再到處亂跑，卻也不是呆在位子上一動也不動，而是不停的在搖晃振動。所以冰晶體內雖然排列有序，有著固定的結構，但是所有的原子都

在「原地」晃動。當我們把溫度加高，它們的振幅就會跟著加大，直到溫度升高到或振幅加大到某個程度後，原子把自己搖出了結構裡的固定位置，使得結構崩解，原子又開始不受拘束的到處亂跑。這就是我們所謂的**熔化**。

當我們把溫度降低，冰原子的振幅會跟著減小，一直到溫度降至絕對零度＊時，振幅會減弱到極小，但**不是零**。這個原子固有或去除不掉的最小程度振動，一般都不足以熔化物質。唯一的例外是氦，氦一樣是隨著溫度降低而減少原子的運動，只是它即使在絕對零度下，仍然具有足夠的運動而不會凍結，除非我們增高壓力，硬把氦原子擠攏在一塊。不過，如果我們繼續增加壓力，仍**可以**使它變成固體。

1-3　原子與變化過程

前面我們已經從原子觀點，探討了固體、液體、氣體三相的差異。不過原子假說也能用來解釋各種變化**過程**，下面我們就要從原子觀點，瞧瞧幾樣變化過程或現象。

第一項過程跟水的表面有關，水面上有啥事情發生？我們得把圖像弄得複雜、更真實些。讓我們想像水跟空氣交界處的情形。

圖 1-5 就是這麼一個放大圖，圖的下方是我們前面看過的水分

＊ 中文版注：絕對零度即克氏溫度（Kelvin temperature）零度，約等於攝氏零下 273 度，是一切溫度的下限。

子聚集在一起形成液態的水。不過這回我們還看到了水面，以及水面上的空間裡有些東西散布著。第一是我們看到幾個水分子，就像前面水蒸汽圖裡的一樣，這樣散布在空中的水分子叫做**水蒸汽**，只要是液態水，表面上就會有水蒸汽。水中分子跟水蒸汽分子之間，互相會達到一個穩定的平衡（equilibrium），我們在此先暫時略過，容後再細述。

除了水分子外，我們還看到一些其他分子。圖中央附近有兩個氧原子，互相綁在一起，組成了一個**氧分子**。另外還有幾對氮原子，也是綁在一起，組成了氮分子。空氣幾乎全由氮、氧分子組成，另外有些水蒸汽和少量的二氧化碳、氬等其他成分。所以水面之上就是氣態空氣，裡面含有一些水蒸汽。

現在我們看看這個圖中，有哪些事正在進行？水裡面的每個分

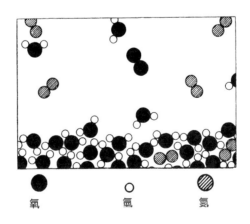

圖1-5　空氣中水的蒸發

子都一直在跑來跑去亂動。偶爾，正好位於表面的某一個水分子受到它下方的水分子撞擊得較一般情況稍大了一些，因而給撞出水面，進入空氣。這個連續動作當然無法從**靜止**的畫面上看出來，我們只能運用想像力，才能看出表面的水分子一個個被碰撞出水面，飛進空氣中。如此連續動作不**斷**發生，表面的水分子一個個減少，整杯水最後可能完全乾涸，這就是蒸發現象。

如果我們把裝水容器的出口加蓋**封閉**起來，過了一會兒，水面上邊的空氣分子中間會夾雜著滿多數目的水分子。空氣中水分子數目一多，其中便不免有一些朝下飛的水分子，一頭撞進水面，即刻讓水中分子給逮住。

如此一來，一杯加了蓋的水可以紋風不動擱在桌上，過了即使二十年，始終都是一個樣。表面看起來，似是一杯死水，實際上裡面卻是動作不**斷**，分子在水面裡外穿進穿出，忙得不亦樂乎。我們用眼睛看，由於無法看得見個別分子，只看得出來杯子裡的水體積維持不變，讓我們得到的假象是似乎一點變動都未曾發生，但假如我們先把水面放大了10億倍，可以直接看到分子的動向，也就可以看到上面所說的忙碌情形了。

爲什麼我們看不到杯子中的水有**任何變化**呢？原因是離開水面、進入空氣的水分子數目，跟同一時期內，從空氣中回到水裡的水分子數目相同。水上面的情形我們看不見，我們只能目測水的多少。從水裡的分子數目來看，它維持不變，因而造成我們「沒有變化」的錯誤印象。

如果我們把杯子上的蓋子掀開，並把水面上的潮濕空氣吹走，

以乾燥空氣取代。於是從水面離開的水分子數目仍然依舊,因為它離開的頻率跟水裡分子忙亂的程度有關。但是相反的,回歸的分子數目則大大減少,原因是水面上空氣裡已不再有很多水分子。這樣一來,出去的多,回頭的少,水開始蒸發,體積逐漸減少。因此如果你希望水蒸發得快些,你可以打開電扇,對著水吹,就可達到目的。

這兒我們還要討論一些別的,那就是到底是哪些水分子離開了水面?我們前面講過,那些得以離開的水分子,是因為它在偶然的意外裡得到了比其他水分子多一點的動能,才能擺脫它鄰近分子吸引力的羈絆。所以凡是能逃脫水面的水分子,能量一定得比平均水分子的高出一點,而那些逃脫不了、留下來的水分子,其運動量當然一定比原來的水分子平均運動量要**低**些。這就是為什麼正在蒸發的液體,溫度會逐漸**變冷**。

當然,當空氣中一個水蒸汽分子漫遊來到水面附近時,水裡分子所發放出的吸引力對它發生作用,使它加速衝回水面,因而產生了一點熱。所以說水分子離開水面時,它會帶走熱,而回來時又把熱給帶了回來。但是如果沒有淨蒸發進行,就像杯子加了蓋,杯子裡面水的體積固定不變,溫度也會不升不降。如果我們對著水吹風,讓它不停的蒸發,水溫就會快速冷卻下來。這就是為什麼湯太熱時,向它吹氣,就可使它冷下來。

當然你應該明瞭,我們剛才討論過的這些自然現象,實際情形比我們所描述的要複雜得多。不只是水會進出空氣,不時也會有氧分子或氮分子從空氣進入水中,並「迷失」在水分子群裡。這麼一

來，空氣會溶解到水裡。也就是說，氧分子與氮分子會跑到水裡，而使得水中含有空氣。如果我們突然把盛水容器上面的空氣給移走，則空氣分子離開水的速率會比溶入水的速率快得多，這時便會產生氣泡。你可能已經知道，這個現象對潛水人員非常不利。

　　現在我們來談談另一個現象。圖1-6顯示了就原子觀點而言，固體如何溶解到水裡。如果我們把一粒鹽結晶丟進水裡，會發生什麼事呢？鹽是一種固體，是晶體，是「鹽原子」井然排列起來的集合體。

　　次頁的圖1-7描繪的是食鹽，亦即氯化鈉的三維結構。嚴格說來，組成晶體的單位不是原子，而是**離子**（ion）。離子是得到或失去了一個或一個以上電子的原子。在食鹽晶體中，我們看到氯離子

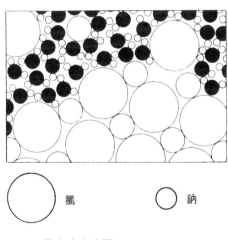

氯　　　　　　　　鈉

圖1-6　鹽在水中溶解

（氯原子加上了一個額外的電子）跟鈉離子（鈉原子失去了一個原有的電子）。在固態食鹽裡，這些離子由於各帶正電荷或負電荷，彼此互相吸引，黏到一塊兒，動彈不得。但是當我們把食鹽放進水裡，由於水分子中帶負電荷的氧與帶正電荷的氫分別吸引食鹽中的離子，使得離子鬆動脫離。

在圖1-6中，我們看到一個氯離子正在從晶體離開，其他的氯和鈉則以離子形式在水裡漂浮。這幅圖畫得很小心，比方說，我們注意到所有水分子裡的氫原子都跟氯離子靠得比較近，而鈉離子周

晶體	●	○	a (Å)
鹽岩	鈉	氯	5.64
鉀鹽	鉀	氯	6.28
	銀	氧	5.54
	鎂	氧	4.20
方鉛礦	鉛	硫	5.97
	鉛	硒	6.14
	鉛	碲	6.34

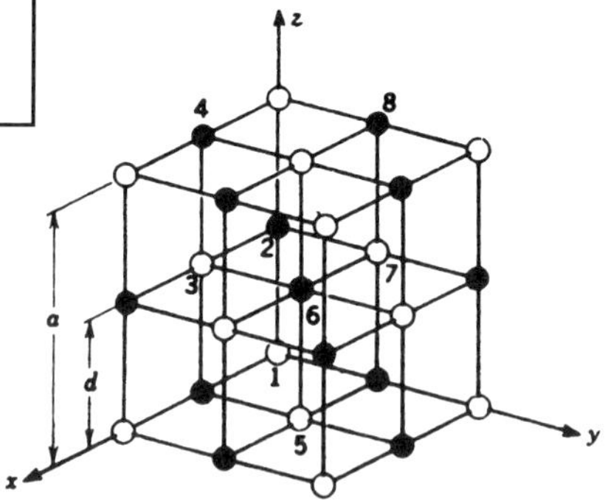

圖1-7　離子之間最近距離 $d = a/2$

圍則緊鄰著氧原子。原因不外是鈉離子帶有一個正電荷，而水分子中的氧原子則帶有負電荷，正負電荷相吸的關係。

　　至於我們是否能夠看出來，圖中的食鹽是正在**溶解進入**水中，抑或是正在從水中**結晶析出**呢？答案是當然**無法**看出。因為事實上，在一些原子離開晶體結構的同時，另有一些原子卻正在回頭加入晶體，來去雙方都是**動態**過程的一部分，跟前面提到的蒸發情形一樣。一切取決於水中所含鹽分的量到底比平衡所需要的量多還是少。這裡所謂的平衡指的是，離子離開晶體的速率正好跟回到晶體的速率一樣。如果水中幾乎完全沒有鹽分，則離開晶體的原子遠較回到晶體的為多，因此鹽就溶解了，鹽晶逐漸消失。反過來說，如果水中已經有了太多的「食鹽原子」，回去晶體的數目遠超過離開的，則鹽就結晶起來。

　　趁這個機會，我們得指出，物質的**分子**這個概念只是個近似的說法，而且只適用在一些特定物質上。譬如在水的情況下，的確是1個氧、2個氫，每三個原子互相綁在一起，成為一個個單元。但是在固態的氯化鈉裡面，這種情況非常不明顯。它們只是鈉、氯離子按照間隔秩序，排列成為立方陣形。它們之間沒有任何自然界限，可以區分出「鹽分子」來。

　　回到我們剛才對於溶解和沈澱的討論，如果我們提高食鹽溶液的溫度，不錯，溶解率會增快，可是同時原子回到晶體的速率也會增加，因此一般說來，很難預料加溫的影響會使得鹽的溶解度升高抑或降低。事實上，當溫度升高時，大多數物質會溶解得多些，少物質數則相反，溶得少些。

1-4 化學反應

前面我們所討論的物質變化過程中，原子跟離子的組成前後都沒有改變。實際的情況當然不會僅只是這樣，原子間的組合在有些情況下會改變，會形成了新的分子。

圖1-8所顯示的，就是我們稱為**化學反應**的過程，也就是原子重新組合的情形。相對之下，我們以前所討論的都屬於物理過程。但是兩者之間的區別，有時也不是那麼涇渭分明。（大自然從來不在乎我們對它的稱呼，它只是不停的運行著。）這張圖的用意是說明碳在氧中燃燒的情形。在氧方面，氧分子是由**兩個**氧原子緊密結合在一起。（為什麼氧原子不會**三個**、甚至**四個**結合在一起呢？這就是原子現象的一個奇怪特性，每種原子都非常奇特，它們各自喜愛跟特定的對象結合，各有獨特的反應方向。物理學的工作

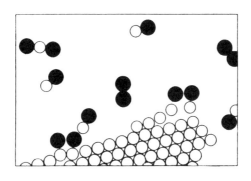

圖1-8　碳在氧氣中燃燒

就是去分析為何它們具有這樣的習性。先別管背後的原理是什麼，我們知道兩個氧原子會形成一個滿足、快樂的分子。）

　　碳原子基本上可以形成固態晶體。碳結晶不一而足，有不同的形式，包括了石墨和鑽石*。現在，1個氧分子跑到碳旁邊，每個氧原子各自逮住1個碳原子，形成新的碳—氧組合，然後相偕飛離開去。這個新組合是一種氣體分子，叫做一氧化碳。它的化學式子非常簡單，就是CO。CO這兩個英文字母，本身就是一幅分子圖像。

　　由於碳與氧之間的吸引力，遠大於碳與碳、或氧與氧之間的吸引力，因此在這過程中，氧在跑來跟碳起作用之前，可能僅只具有少許一點能量，然而一旦開始與碳碰在一起，就引發異常劇烈的騷動，使得附近每樣東西都獲得了能量，因而產生出大量的動能。結果當然就是**燃燒**現象。在碳與氧的結合中，我們得到了**熱**，這種熱通常表現於熱氣體中的分子運動，但在某些情況下，因能量過於巨大而產生了**光**，這麼一來，我們就有了**火焰**。

　　此外，一氧化碳還不十分穩定，它還能進一步跟另一個氧原子黏合。這樣一來，氧跟碳之間的結合變得相當複雜，氧原子不但和碳原子結合，也等於同時碰撞到一氧化碳分子，使得1個氧原子和1個一氧化碳結合在一起，最後組成了由1個碳和2個氧原子合成的

　　＊原注：鑽石在空氣中是**可以**燃燒的，千萬別用火去試鑽石。

二氧化碳，化學式是以CO_2表示。如果我們把碳放在極少量的氧中快速燃燒，（譬如在汽車引擎裡面，點火引爆時間之短促，沒有足夠的機會讓一氧化碳與氧再行作用而生成二氧化碳，）就會產生出相當多的一氧化碳。

在這類過程中，會釋放出非常大的能量，依反應的情況而定，每每會產生爆炸、火焰等現象。歷來化學家所研究的，不外是這些原子之間的結合安排，而他們發現每種物質都僅是**原子的某種組合**而已。

為了解釋這項觀念，讓我們看看另一個例子。如果我們走進種著一片紫羅蘭的園子裡，立即聞到它那特別的花香，那香味本身就是一種**分子**，或是一群特殊排列的原子，闖進了我們的鼻孔，讓我們聞到花香。大家要問的第一個問題是，它**如何**跑到我們的鼻子裡？答案倒不難，如果氣味是某種懸浮分子，它當然會在空氣中漫無方向的到處瀰漫，剛好我們在場，因而**碰巧就鑽**進了我們鼻孔裡。它絕對沒有特意要跑進人們鼻孔裡的使命或目的，只是在它向四處散布的過程中，偶然闖進了鼻孔而已。

化學家能夠動手分析諸如紫羅蘭香味之類的特殊分子，然後告訴我們**確切**的原子**組成**以及各個原子的**空間排列方式**。我們知道，二氧化碳的分子是排成一直線，且左右對稱的，就像 O － C － O 所表示的一樣。（這樣子的分子形狀也可以很容易由物理方法測定出來。）至於那些化學世界中，遠較二氧化碳複雜得多的原子排列組合，一樣能經由一些比較費時、但精采的偵測步驟，一一探究出來。

　　圖1-9畫的是一株紫羅蘭附近的空氣放大圖，圖中我們看得到氮氣、氧氣跟水蒸汽分子。（為什麼會有水蒸汽分子呢？因為紫羅蘭本身是**潮濕的**，一切植物都會散發出些水氣來。）除此之外，我們還看到一個由碳原子、氫原子、跟氧原子組合而成的「大怪物」。這些原子各有其一定的排列方式。整個分子的組合，比起二氧化碳分子來，複雜得太多了。不幸的是，這裡無法把它按化學上所知的照實畫了下來，因為其中所有原子的確切排列位置應該是立體的，而這幅圖僅只是平面而已。分子中那圍成一環的6個碳原子，並非都坐落在同一平面上，而是形成一個「上下曲折」的環。原子之間所有角度跟距離都已瞭然，而它的**化學式**，也正是用來表達該分子這些相關知識的圖。

　　當化學家在黑板上寫出這個化學式時，他同樣只能在平面上把它大略畫出來。譬如，我們由圖上看得出來，分子內有一個六碳

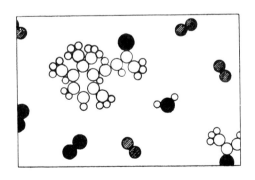

圖1-9　紫羅蘭的香味

「環」，環的一端接連著一根碳「鏈」，而鏈尾的第二個碳原子上有1個氧原子，鏈尾碳原子上有3個氫原子，環中的上方這個碳原子接著另外兩個碳原子，等等。

　　那麼化學家如何知道原子的排列方式呢？他從瓶瓶罐罐裡拿些東西出來跟要測的化合物混合在一起，如果混合物的顏色變紅，就告訴了他，這分子的某處連接的是一個氫跟兩個碳。如果混合物變成藍色，就完全是另外一回事了。有機化學是世界上一項最奇妙的偵探工作，為了要發現一大堆極端複雜的化學結構，化學家研究了混合不同物質時所發生的一切。當他解決了所有問題，最後把化學結構畫了出來的時候，旁觀的物理學家永遠無法打心眼裡相信，化學家真的知道他自己在說什麼。

　　但過去的大約二十年來，在一些情況下，漸漸可以用物理方法來「瞧瞧」這些分子了。（當然目前可瞧見的分子對象，還不能夠像這個花香分子這樣複雜，這些較簡單的分子只包含了花香分子的一部分而已。）物理方法一樣可以為分子中的每一個原子定位，不是憑藉顏色的反應，而是直接去**測量它們各自的所在位置**。這真是奇蹟一樁！不過，經過物理方法核對後，我們居然發現，所有以前化學家推測出來的分子結構，幾乎都是正確的。

　　事實上，紫羅蘭的花香裡有著三種略為不同的分子，它們的差別只在於幾個氫原子的位置罷了。

　　化學上為物質命名是一大學問，最好能從名字裡知道它是什麼樣的東西。試試為圖1-10這個化學結構命名吧，不但所取的名字必須把分子的形狀講出來，而且得說明這兒有個氧原子、那邊有個氫

原子，也就是每一個原子是什麼、在哪裡。因此我們可以理解，化學名稱一定得相當複雜，才能完備。

你看圖 1-10 中的花香分子，俗名很簡單，就叫 α 鳶尾酮（α-irone）。較完整的化學英文名稱，叫做 4-(2,2,3,6 tetramethyl-5-cyclohexanyl)-3-buten -2-one（中文叫做4－(2，2，3，6四甲基環己烯－5)－3－丁烯－2－乙酮），非常拗口、難唸，但是也唯有如此，才能把該分子的結構適切說明。這當然不是化學家在故弄玄虛或找麻煩，用文字描述整個分子確實是相當困難的一件事。我們瞭解這個難處，也理解爲何化學名稱會這麼長！

我們怎麼會**知道**有原子的呢？實際上是經由前面提到過的戲法之一：我們先**假設**有原子存在，然後再一樁樁、一件件，在有原子的前提下，預期應該發生什麼樣的結果。我們發現每樣事情的變化

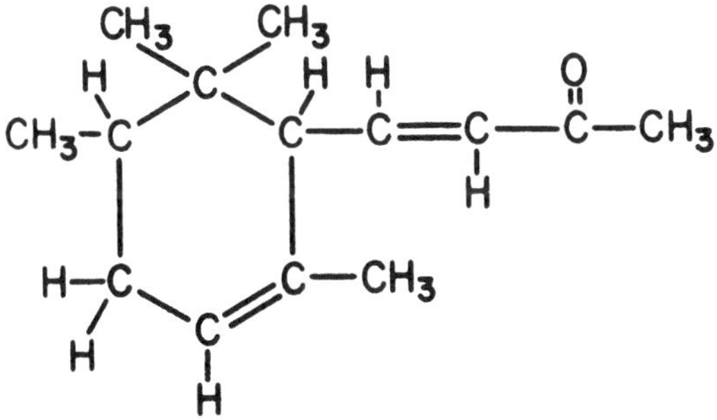

圖1-10　這個化學物質叫做 α 鳶尾酮

都跟預期的相同，這就間接證明了原子的存在。其實我們也有一些比較直接的證據，下面所提到的，就是一個很好的例子。

原子太小，小到完全無法用光學顯微鏡看得到。事實上，甚至用**電子**顯微鏡也難以看到。（光學顯微鏡只能看到比原子大很多的東西。）不過要是原子一直不斷在動的話，倒是可以用光學顯微鏡「間接」看得到。此話怎麼說呢？

就拿水做例子吧，如果我們把一個大球放進水裡。此處所謂大球，是指比原子大了許多，而在顯微鏡下可以看得見的球。我們發現這顆球會毫無規則的在水裡亂跑一通，就像一大群人聚在操場上玩推球遊戲一樣。推球遊戲是眾人七手八腳，推動一顆非常大的球，各人推的方向、時刻都不一樣，因而使得那顆球一忽兒東、一忽兒北的，滿場子亂滾。

同樣的，我們從顯微鏡裡可以看到所謂的「大球」，會因為在某個時刻，球的某兩端受到不相等的原子撞擊，而會發生些微小偏移。而下個時刻裡，不相等的撞擊部位改變了，與前不同，偏移方向頓時更改，以致前後方向完全沒有連貫性。結果是，如果我們透過一具精良的顯微鏡，觀察水裡細微的膠質懸浮粒子，就會看見這些粒子都在不停的不規則運動。那就是由於粒子都受到原子撞擊的結果，而這個現象叫做**布朗運動**（Brownian motion）。

晶體結構也提供了原子存在的進一步證據。在許多情形下，藉由X射線分析而推算出來的結構，跟自然界中該物質結晶體所具有的「形狀」完全一致。又晶體內各個「晶面」（face）之間的角度，跟「假設晶體是由許多層原子組合而成」這個前提下建立起來的分

析方法所推算出來的角度，非常吻合，誤差往往只有數弧秒★之微。

每樣東西都是由原子構成，的確是一個最關鍵的假說。因而生物學上最重要的假說，可說是**所有動物的習性，原子都不缺席**。換句話說，**只要是活著的東西所做之事，無不可以經由以下兩點來理解：第一，它們是由原子構成。第二，原子的行為遵守物理定律。**這個說法並非一早就存在，它是經過了一些實驗跟推理之後，才有人提出這樣的假說。如今它已被大家正式接受，並且已經成為生物學界中，創造新觀念的最有用理論。

一塊鋼或是一粒食鹽，其中包含著的無非盡是原子，卻能各展奇妙，性質完全不同。水裡面不過是些我們前不久畫過的小圈圈，卻覆蓋著大部分地球，而且水的外表千變萬化，形成浪花與飛沫；流過水泥表面時，還發出潺潺水聲，且留下奇怪的圖樣模式。那麼，如果所有的一切，包括小溪裡的全部生命，也都只是一堆原子而已，**這世界還可以更加奇妙到什麼田地呢**？

如果這世界上有某個地方，並不是像前面說過的，「各有一定的原子排列，即使偶爾夾雜著比較複雜的花香分子，絕大部分仍是千篇一律的一再重複，如空氣與水」；如果我們所見到之處，有著各種不同原子，其排列方式、形成的模式，又處處不同，而且不停

★ 中文版注：一個圓周為 360 度（degree），每度分 60 弧分（arc minute），每弧分含 60 弧秒。所以一度有 60 乘 60，等於 3,600 弧秒。

的在變化，不會重複。你想想這樣的東西，應該會有多麼奇妙呀？

可不可能，現在正在各位先生、女士面前踱方步，跟你們說話的這件「東西」，亦即在下我，就是一堆有著非常繁複的結構跟組合的原子嗎？這個東西是否會由於過於複雜，因此我們根本想像不出它可以幹些什麼事？

當我說我們是一堆原子時，意思並非指我們**僅只是**一堆原子而已。因為一大堆不會重複的原子，非常可能造成了你面對鏡子時所看到的那個東西啊！

第2堂課

基本物理學

起先我們把能看到的自然現象，大致上做了分類，

譬如熱、電、力學、磁、光、核物理等等，

此舉的目的，無非是想看出

整個自然只是一組現象的種種面向罷了。

基本理論物理學所面對的問題，

是去分頭發現實驗背後隱藏的定律，

以便把這些分開了的科目再度統合起來。

2-1　這就是科學方法

在這一章裡，我們要看看物理學範疇內的一些最基本的觀念，也就是我們目前所知道的世界上各種事物的性質。我不打算在這兒討論過去的歷史，講我們曾經如何逐步從發現以致於認知到這些觀念是對的，那些瑣碎細節得留待以後該講的時候再談。

我們在科學上所關心的一切事物，幾乎是形形色色、千變萬化，有著錯綜複雜的各種屬性。比方說，當我們站在海邊，朝著海的方向望了過去。眼睛所看到的，是無邊無際的海水，是一波波的海浪，是濺起的浪花，是遠方閃閃爍爍、明亮的水光。耳際則充滿著澎湃的濤聲，陣陣拂面的海風中，摻雜著海洋的特殊氣息。仰望是藍天白雲，麗日當空，海天一色。岸上到處是沙礫，是各式各樣的石頭，具有不同的硬度，不同的歷史，不同的顏色跟質地。這幅圖畫裡少不了動物和海藻的生命蹤跡，卻又讓人聯想到世間的饑饉與疾病。最後是來看海的過客，或因睹美景而心生歡喜，或感觸傷懷而陷入沈思。

其實不只是在海邊，自然界中任何地方都充滿著多樣變化的事物與影響，不論我們走到哪裡，滿目都是色彩繽紛的景象，迫使我們不得不心生好奇，不能不問問題。於是我們把看到的各種現象拿來比較一番，設法從中歸納出一些共通的脈絡來，希望能夠分析出這些貌似南轅北轍的事物，骨子裡只是少數幾樣基本東西和作用力，以無數的不同搭配跟組合方式所締造的結果罷了。

譬如說，有人問沙子跟石塊有什麼不同？或者，沙子不就是許許多多非常小顆粒的石塊嗎？月亮是否只是一大塊石頭而已？如果我們弄清楚了石頭是啥，是否就能觸類旁通，瞭解沙子跟月亮又是怎麼回事嗎？風是否就是空氣的流動，就好像向海洋中水的飛濺那樣？不同運動之間，有著什麼共通的性質？不同聲音之間，又會有些什麼共同特點？顏色究竟一共有多少種？……這樣一一問下來，我們跟著一一去分析各個問題所牽涉到的事物。同時我們還把一些初看之下相當不同的事物，放在一起比較，目的是希望能**減少**真正**不同**事物的數目，並且因此對它們的瞭解能更為深刻一些。

數百年以前，有人設計了一套方法，來尋求這類問題不同程度的答案。那就是一般人所謂的**科學方法**（scientific method），其中包括**觀測**（observation）、**推理**（reason）、**實驗**（experiment）三個步驟。在這一章裡，我們將只敘述一些我們對於所謂**基本物理學**（fundamental physics）的看法。基本物理就是以往人們運用科學方法，所開發出來的基本觀念。

當我們宣稱「瞭解」了某件事物時，我們究竟意何所指？我們可以把世界各處同時進行的錯綜複雜的活動，想像成一盤壯闊偉大的棋局，下棋的是神仙，我們都是觀眾。我們最初對於棋賽的規則毫不知情，下棋的神仙啥也不肯告訴我們，只准我們在一旁觀戰。當然，只要我們看得夠專心，時間夠久，終有可能看出一些苗頭，從而領悟出部分**遊戲規則**來。這裡所說的遊戲規則，跟前面提到的**基本物理**，其實是同一回事。

不過話得說回來，即使我們知道了每一條下棋的規則，仍不見

得能夠瞭解棋局中的每一步棋為何要如此走法。原因不外是棋局實在太複雜，而我們的智力又太有限。你只要曾經下過棋，就一定明白，學習規則並不難，而下棋的難處是在如何找出最佳的一手棋，或是瞭解為何棋手走了那步棋。自然現象只有比一般棋局更複雜，更讓人難以捉摸。但至少我們可以找出自然現象裡面的所有規則來。事實上，我們至今尚未完全搞清楚大自然的所有規則。（因為每隔一段時日，我們偶爾還會遇到一些頗不尋常的狀況，正如同西洋棋裡，有些針對特殊情況的規定，也就是所謂「入堡」★ 的走法，可使得棋局走勢一反常態，教旁觀者一片迷惘。）

我們除了尚未知曉所有的規則外，就連運用已知規則來解釋自然，能力上仍然甚為有限。因為自然界中，一切狀況都是複雜透頂，若僅憑著知道規則，能夠弄清楚現況，就已經非常難能可貴了。至於要進一步預知未來，則更是難上加難。我們退而求其次，只能量力而為，因而必須、也唯有把著眼點放在遊戲規則這個較低的層次上。因此只要我們能夠知道了箇中規則或有關的基本定律，就可認為我們已經「瞭解」這個世界了。

如果我們不能夠仔細逐步分析棋局，那麼如何才能確定我們所「猜想」出來的規則是對的呢？籠統說來，我們有三個辦法。第一，盡可能尋找出一些特殊狀況來，出自大自然或人為的都可以，

★ 中文版注：入堡（castling）是西洋棋的特殊規則之一，當棋賽開始後，「國王」及任一「城堡」這幾枚棋子都未曾移動時，「國王」可入堡，即與該「城堡」之一交換位置。

要緊的是狀況愈單純愈好，裡面因素不能太多，我們才有把握精確預期它的動向。然後在這些特定狀況下，試驗我們猜想出來的規則，看它是否正確。（這有點像在棋盤一角，可能只有少數幾個棋子，由於沒有太多其他棋子在場牽扯攪局，隱藏著的規則就比較容易浮現出來。）

　　第二個考驗規則的好辦法，就是從這些規則推導出一些較為一般性的結果出來，然後再檢驗這些結果是否成立。比方說西洋棋裡的主教，按照規則只能走對角線。這條規則非常簡單，即使無人告知，我們只需稍微注意過別人下棋，就不難看出來。只要我們偶爾注意一下同一個主教，就會發現不論它在棋局裡走了多少步，一直會待在紅色方塊上。所以即便我們無法每一步都去跟蹤檢驗，只要不時去瞄它一眼，看看那個主教是否仍然待在紅色方塊上，就可以確定主教走對角線這條規則沒有猜錯。結果當然是如響斯應，那個主教正是一直老老實實待在紅色方塊上。

　　一直到了很後來，我們繼續作例行查核時，突然發現它一反常態，居然站在**黑色**方塊上。原來是在我們沒注意的時候，它被對方吃掉了，而接著另外有個我方卒子，到達了對方底線，照規則它可換回已經被吃掉的棋子，於是主教復活，卻恰好發生在黑色方塊上。演變到此才被我們看見，我們錯過了中間這些過場，難怪會如墜五里霧中，不知道出了什麼差錯。

　　這樣的情形，物理發展史上可說屢見不鮮。於是乎我們在無法一一跟蹤細節的情況下，只得先抓住一個簡單的規則，經過長時期的觀測後，發現它確是顛撲不破、屢試不爽，似乎能放諸四海而皆

準。然後在某種少有的偶然情況下，居然突然出了岔子，不再靈驗啦！不過如此一來，很可能就此發現了**新的規則**。因為從基本物理學的觀點來看，最有趣的現象當然就是這些新現象，這些不服從老規則的**新現象**。我們對於老規則適用的地方就不那麼感興趣了。這便是我們以往發現新規則的不二法門。

第三個用來試探我們觀念是否正確的辦法，看起來相當粗糙，卻可能是三個辦法中最有實效的一個，那就是借重粗略的**近似法**。在我們觀看西洋棋王艾烈克海因（Alexander Alekhine）下棋時，我們很可能不是完全清楚他**某步棋**背後的目的究竟是什麼。但是我們**大概**可以看得出來，他走某幾步棋的大方向是調兵遣將，企圖保衛國王。因為從棋局上看，當時他應該這麼做才對。我們對大自然現象的瞭解，通常亦復如是，因為除了大約的**趨勢**外，我們同樣無法看到且弄清楚，一件事物裡的**每一枚棋子**在做什麼、為什麼這樣走。

起先我們把能到的自然現象，大致上做了些分類，譬如熱、電、力學、磁、物質的性質、化學現象、光或光學、X射線、核物理、重力、介子現象等等。此舉的目的，無非是想看出**整個自然**只是**一組**現象的種種面向罷了。基本理論物理學所面對的問題，是去**分頭發現實驗背後隱藏的定律，以便把這些分開了的科目再度統合**起來。

從歷史上看，我們總是能夠把它們再湊合起來，成為似乎是完整的一套，直到時光繼續前進，又有了新的事物發現後，原來那套顯然不再適用，必須另加整合。例如過去我們一度自以為已能掌握

大自然，卻突然發現了X射線。這玩意兒與我們的理解大有出入，使我們不得不把思維重新編排一番，使它可以容納X射線。此後科學家發現了介子，又與原有的系統格格不入。若把這一切看成是棋賽時，棋局發展的每個階段看起來都相當混亂。很多現象的確已經整合起來，依照已知規則配合得很好，但總是不免會出現很多線索，分別指向各個方向。我們即將描述的現況，就是如此。

以下是些歷史上的統合例子：第一件是發生在**熱**和**力學**之間。如果原子在運動，則運動量愈大，系統裡所含有的熱就愈多，所以**熱跟所有與溫度有關的效應，都可以用力學定律來表明**。另一個偉大的統合，就是人們發現了電、磁、光之間的關係。原來這三樣東西，不過是同一件事物的三個面向而已，如今這件事物我們稱之爲**電磁場**（electromagnetic field）。還有一個統合是把所有的化學現象、各種物質的不同性質，以及原子的行爲，統統包括在**化學量子力學**（quantum mechanics of chemistry）裡面。

有個問題是我們將來是否可能把**一切**都統合起來？如果答案是肯定的話，那麼世上的種種事物豈非都是**同一樣**東西的不同面向而已？這個問題的答案，目前尚無定論。我們僅僅知道，有時候我們能夠把一些碎片統合起來，但也偶爾有些似乎無法嵌合的碎片。就像玩拼圖遊戲似的，我們正致力把一塊一塊圖拼將起來。至於這幅圖的碎片數目究竟有多少，甚至於圖的本身有沒有邊界，都還是些未知數。原因是即使這幅圖終究拼得起來，也唯有在整幅圖拼出來之後，才會有答案。

此處我們希望做到的，是向大家說明，這個企圖以最少的原理

來解釋所有基本現象的統合工作，目前已經進行到了什麼程度？現況又是如何？簡而言之，**一切東西究竟是什麼做的？基本元素到底只有多少？**

| 2-2　1920**年以前的物理學**

要一下子，把我們今天的看法一股腦兒說出來，著實有些困難。所以我們先看看科學家早在 1920 年左右，對事物的看法以及其中幾個重點。

在 1920 年以前，我們心目中的世界觀是這樣子的：當時的宇宙仍舊停留在歐幾里得所描繪的三維幾何**空間**「舞台」上。而一切事物都是浸泡在一種稱做**時間**的介質中發生**變化**。舞台上的元素是諸如原子之類的各種**粒子**。這些粒子具有某些**性質**。首先我們有慣性這項性質，那是指在運動中的粒子，除非受到**外力**干預，否則會繼續朝同方向前進。再來就是**力**，那時候人們認為力可分為兩類：第一類是一種極其微妙、細緻的交互作用力，負責把不同原子以非常複雜的方式連接起來，成為各式各樣的組合，這個連接方式決定了溫度升高時，食鹽會溶解得快一些或是慢一些。另一種已知力是種**長程交互作用**（long-range interaction），一種平緩、默默進行的吸引力，其大小隨著距離的平方呈反比，稱為**重力**（gravitation）。重力定律早就已經眾所周知，也非常直截了當。但是東西**為什麼**一定得動者恆動，或者這個世界**為什麼**有重力定律，則非當時的人所能瞭解。

此處我們的目的既然是要描述自然，從這一觀點出發，則氣體、乃至世間**所有**物質，全是由無數個到處亂闖的粒子構成。於是乎當我們站在海邊時所看到的一切事物，頓時都經由這個共同點有了關聯。首先我們想到的是壓力強度，它是來自原子與牆壁之類的東西碰撞的結果。然後是風，它是原子平均一致向同一方向飄移的現象。而物質內部原子的**無規**運動就是**熱**。還有當物質部分受到擠壓，一時之間在同一處所聚集了過多的原子，因而引發原子密度上的波動，向四周推展開去。這種過高密度造成的波動，即是**聲音**。能夠知道這麼多事物的道理，真是人類一項非常了不起的成就。其中某些知識，我們已在上一章提過。

粒子有多少**種類**呢？前人認為一共有92種，因為有92種原子被人發現，它們各自有不同名稱和化學性質。

接著我們來看看什麼是**短程力**（short-range force）？為什麼碳會吸引一個氧，或是兩個氧，但不是三個氧？原子間發生交互作用的機制是什麼？是由於原子之間的重力嗎？答案是否定的，原因是重力太弱了。現在讓我們來想像，有這麼一種力，跟重力一樣，同樣是與距離的平方成反比，卻比重力強大得非常多。但兩者之間，有一樣不同，那就是在重力方面，每樣東西都會吸引其他每一樣東西；然而這種新的力卻得依靠**兩種**「東西」——這兩種「東西」屬性若是相同，這種新力就是**排斥**力，兩種「東西」若屬性不同，這種新力就是**吸引**力。這種新的力當然就是電力。而我們在此所說的，能夠發出這種強大作用力的「東西」，就叫做**電荷**（charge）。

接下來我們再看看，假如我們有兩個相異且相吸引的東西，一

帶正電荷，另一帶負電荷，緊緊靠在一塊，同時另外有一個電荷跟前面那兩個電荷有著一段距離，那麼這個電荷會感受到任何吸引力嗎？答案是它**幾乎感受不到**任何吸引力。因為如果前面那兩個電荷的大小相同，它們對這第三個電荷分別產生的吸引力跟排斥力，剛好互相抵消，以致於在相當程度的距離外，可以說是沒什麼力存在了。

不過話得說回來，如果我們把外面那個電荷移動到**非常靠近**兩個電荷的地方，就會逐漸產生**吸引力**。這是因為距離縮短，吸引力、排斥力皆大增，而同性相斥、異性相吸的結果，使得這一對電荷中，跟外面那第三個電荷同性的電荷被推開些，而異性的電荷則被拉近些，導致排斥力變得比吸引力為**小**。這就是為什麼由正、負電荷組成的原子之間，在有段距離時，除了重力以外，幾乎全不相干；但原子一旦靠攏，到了極近距離時，它們似乎能夠彼此「透視」對方，並調整各自裡面的電荷分布情況，結果使得原子之間產生出非常強大的作用力。

原子之間交互作用的基礎就是**電力**。由於電力非常強大，所有的正電荷與所有的負電荷在一般情況下都會儘可能靠攏。這世界上的一切東西，包括我們人體在內，都是由一大堆非常細小，各帶著正、負電荷的成分，強力結合而成，而且正、負電荷之間通常正好中和抵消掉。偶爾也有意外發生，經由摩擦的關係，丟掉了幾個正電荷或負電荷（通常比較容易失去負電荷）。在這種情況下，我們看到**未平衡**的電力出現了，從而能夠看出靜電吸引力產生的效果。

為了讓你們知道電力比重力強了多少，我們拿兩粒沙子來當例

子，假設沙子直徑僅各1毫米，而其間距離達30公尺。假如它們之間的電力並不處於平衡狀況，它們之間只有電吸引力存在，缺乏同類相斥的排斥力，不會抵消吸引力。換句話說，它們一個完全是正電荷，另一個完全是負電荷，那麼它們之間有多大的電吸引力呢？答案是這兩粒沙子之間的吸引力，高達3**百萬公噸**！從此你可以瞭解到，一件物品上，只須多出來（或缺少）極少數幾個正電荷或負電荷，就能產生不容忽視的電效應。當然這也是為什麼，我們無法從外表分辨出一件物品是否帶電，因為物品是否帶電，僅只牽涉到非常少數幾個粒子，在物品的重量跟尺寸上面，難以顯現任何差異。

　　我們藉由這幅圖像，可以比較容易瞭解原子到底是什麼樣子。科學家認為原子在中心部位有個「原子核」（nucleus），原子核帶有正電荷，而且質量非常大。原子核的四周圍繞著一定數目的「電子」（electron），電子質量非常輕，並且帶有負電。

　　接下來我要提到的是，科學家還發現原子核裡面，有兩樣幾乎等重的粒子，分別是質子（proton）和中子（neutron），差別在於質子帶有電荷，中子則否。如果原子核裡面有6個質子，核外就得圍繞著6個電子（記住！一般物質世界裡面，帶負電粒子全是電子，它們比起原子核中的質子跟中子來，質量非常非常之輕），這就是化學週期表上，原子序為6的碳原子。而原子序為8的，我們叫它氧。原子的化學性質和位於**外面**的電子有關。事實上，元素的化學性質可說完全取決於核外**電子數目**。也就是說，任何物質的**化學**性質，完全由電子數目這一個數字來決定。因此，化學家的整個元素

表上，可以全部改用數字來取代元素的名稱。譬如碳，我們可以稱為「元素六」，點明出它具有6個電子的事實。

不過話說回來，當初發現這些元素的時候，並不知道它們原來跟數字有關。其次，如果只用數字命名，有時反而會使得事情複雜難記，倒不如用名稱與符號，讓人印象深刻得多。

有關電力方面，科學家還另外發現了一些事實。電交互作用的現象，從表面看來，不外是兩樣物品互相吸引：帶正電的吸引帶負電的。但是後來科學家發現，這樣子的解釋，觀念上顯然有些不足，對此現象更具體的描述應該是：正電荷的存在，可使得它附近的空間扭曲，造成一種「狀況」，以致於當我們把一個負電荷放置其中，這負電荷會感受到一股力。這種能夠產生力的潛在性質，我們稱為**電場**（electric field）。當我們把一個電子放進這個電場內，我們說它「被拉引」。於是我們得到兩條規則：(1) 電荷造成了電場，(2) 電場內的電荷會感受到力，因而運動。

我們之所以要多此一舉提出電場的觀念，原因是在討論以下現象時，會比較清楚明白一些。假如我們先使得一件物品，譬如一把梳子，帶上靜電，然後拿一小片帶靜電的紙，放置在離梳子有一段距離的地方。這時候讓梳子前後左右移動，那紙片會一直指向著梳子，跟著搖晃。如果我們把梳子來回移動得更快，就會發現紙片的反應動作漸漸跟不上，紙片的反應有一些**時間上的延遲**。（一開始當我們慢慢移動梳子時，我們還會看到另外的現象就是**磁**。由於磁的影響必須在電荷之間有**相對運動**時，才能存在，所以磁力與電力可歸因於同一場，有如一物之兩面，只要有變化中的電場，就少不

了磁場。）

　　如果我們把帶電紙片挪開，使它跟梳子之間的距離加大，則紙片的反應動作會更加遲緩。這時我們看到一件有趣的現象，雖說兩個電荷之間的作用力跟著兩者之間距離的**平方**成反比，但是在我們搖晃其中一個電荷時，它產生的影響力並非如我們開始所猜想的情形，而是**更加長遠**。也就是說，作用力的衰退，遠比平方反比緩慢得多。

　　此處有個比方，如果我們泡在水池裡面，身旁水面上浮著一個軟木塞。我們可以拿另一個軟木塞放在它附近，然後用手按著第二個軟木塞推水以「直接」移動第一個軟木塞。如果你只注意這兩個**軟木塞**，其他一概不管，你看到的會是其中一個軟木塞亦步亦**趨**的跟隨著另一個軟木塞移動，兩者之間似乎有種「**交互作用**」存在。當然事實上，我們是以軟木塞來撥弄**水**，然後**水**就會推動另一個軟木塞。於是我們可以捏造出一條「定律」來，說你只要把水稍微推一下，這附近水中的所有物品都會跟著動。當然由於我們推水動作僅是**局限**在某個地方，只要距離一遠，受到影響的軟木塞動作程度就會很快減弱。

　　不過從另一方看，如果我們不只是推一下，而是按著軟木塞上下左右來回在水中移動，結果會造成一個新的現象，那就是軟木塞帶動的水，帶動了它旁邊的水，形成**波動**，散布出去。結果是來回運動或是振動所造成的影響，會被**傳送得非常遠**，這是無法以直接的交互作用來圓滿解釋的。因此，我們必須以「有水存在」這個觀念，取代直接交互作用的觀念。同樣在電這方面，取代了直接交互

作用的東西，我們稱爲**電磁場**。

　　電磁場裡能夠承載各式各樣不同的波，其中一些是**可見光**，另一些可用在**無線電廣播**上，但總體說來，全都稱爲**電磁波**（electro-magnetic wave）。這些振盪波各有不同的**頻率**（frequency），**振盪頻率**實際上就是不同電磁波之間唯一的區別。如果把一個電荷愈來愈快的前後來回搖動，同時觀測所產生的效應，我們會發現有一連串的各種效應，不過不管這些效應爲何，都是完全緊隨著一個數字在變，那就是每秒鐘振盪的次數。

　　通常我們從建築物牆壁裡的交流電源線路所感受到的振盪頻率，約在每秒百次左右。如果我們把頻率調高到每秒500或1,000千週（kilocycle），便進入到射頻（radio frequency，無線電頻率）區。〔英語說無線電廣播是「乘空氣而行」（on the air），其實它跟**空氣**一

表 2-1　電磁波譜

頻率（每秒振盪數）	名　　稱	大略行為
10^2	電擾動	場
$5 \times 10^5 \sim 10^6$	無線電廣播	波
10^8	FM ~ TV	
10^{10}	雷達	
$5 \times 10^{14} \sim 10^{15}$	可見光	
10^{18}	X射線	粒子
10^{21}	核的 γ 射線	
10^{24}	人工 γ 射線	
10^{27}	宇宙線中的 γ 射線	

點關係都沒有！我們在眞空裡照樣能廣播。如果我們把頻率繼續調高，便進入可用作調頻無線電（FM）和電視的頻率範圍。再高些便到了某些短波帶，例如**雷達**的使用頻率。〕

再上去我們進入一段區域，可以經由眼睛，而無需用儀器來「看到」的電磁波。這範圍的波，頻率大約是從每秒$5×10^{14}$到$5×10^{15}$週。前面所說的那把帶靜電梳子，若能夠振動得如此之快，則在這範圍內隨著頻率的遞增，我們會順序看到從紅到藍、從藍到紫的各色光。頻率稍低於可見光的部分稱爲紅外線，而稍高者稱爲紫外線。儘管從人的角度看，可見光**的確**非常特殊有趣，因爲我們只得見這段頻率的電磁波，但是從物理學家的**觀點**來看，可見光只是整個電磁波譜的一小段而已，並沒有比其他電磁波更了不起。

如果我們繼續加高頻率，下一區域就是X射線，所以X射線不過是極高頻率的光而已。超過X射線後，我們得到的是γ射線（gamma ray）。其實在使用上，X射線與γ射線幾乎是同義字。一般說來，從原子核發射出來的電磁波稱爲γ射線，而來自原子的高能電磁波則叫X射線。如果兩者頻率剛好相同，即使出處不一樣，物理上是無法區分的。

如果我們更上一層樓，把頻率增加到每秒10^{24}週時，我們在地球上已找不到頻率這樣快的電磁波，但是卻能以人爲的方法製造出來，如利用在加州理工學院這兒的同步加速器（synchrotron）。然而我們從外來的**宇宙線**（cosmic ray）中，發現有比上述高頻率人工電磁波的振盪更快上1,000倍的電磁波，這樣的高頻率已經超出我們的控制能力了。

2-3　量子物理學

　　前面我們談到電磁場這項觀念，說這個場能夠承載各種波。下面我們馬上就會知道，這些電磁波的行為實在相當詭異，有時非常不像波。尤其是位於高頻率波段的電磁波，它們的行徑反而比較像**粒子**！這種行為得用上**量子力學**才能解釋。

　　科學家在1920年代的頭幾年，才發現了量子力學。自古人們想像空間僅有三維，時間則與空間毫無關係。1920年以前，愛因斯坦（Albert Einstein, 1879-1955）把這些古老觀念翻了案，起先是把時間與空間合併，成為我們所稱呼的時空，然後進一步以**彎曲**的時空來代表重力。如此一來，物理世界的「舞台」換成了時空，而重力被看成是時空改變的結果。

　　接著科學家又發現，以往為粒子運動所設定的規則並不正確，原來在原子世界裡，「慣性」跟「力」的力學規律都不再適用，牛頓定律出了**差錯**。科學家發現微小尺寸內東西的行為，和大尺寸東西的行為，居然**完全不同**。這使得物理學變得非常困難，但也變得非常吸引人，困難之處就是微小尺寸東西的行徑，是那麼的「不自然」，和我們熟悉的東西完全不同。在這個微小世界裡，由於缺乏直接經驗來印證，一切行為細節都得靠各式各樣的分析方法來重新摸索，不但困難重重，還得需要一大堆想像力。

　　量子力學有很多面向。首先，我們原來以為每個粒子都應該有明確的位置與明確的速率，然而這樣的想法已經不適用了。古典物

理學所依據的這些想當然耳的**觀念**，原來並不正確。量子力學裡面就有一條規則，說我們不可能同時知道粒子的正確位置與它移動的速率。量子力學指出，粒子動量的不準量跟它位置的不準量是互補的，兩者的乘積不得小於一個常數。我們可把這定律寫成：$\Delta x \cdot \Delta p \geq h/2\pi$。

　　這定律的細節我們留待以後再討論，此處我要指出的是，這條規則倒是替我們解決了下面這項非常神祕的難題：既然原子裡面有著正電荷與負電荷，它們之間又會互相吸引，那麼負電荷為什麼不乾脆直接附著到正電荷上面去？兩者何不靠得更近一些，使得雙方電荷完全抵消掉？又為什麼原子所占的空間是**如此之大**？為什麼原子核會位於原子的正中心，而周圍有些電子在繞動？

　　最初，科學家以為原子核很大，結果發現不然，原子核事實上**非常之小**，我們知道原子的直徑大約在 10^{-8} 公分左右，而原子核的直徑卻只有 10^{-13} 公分。如果我們有個原子，為了要能看得見其中的原子核，我們必須把這個原子放大成一個大房間的大小，而這時候的原子核，卻還僅僅是眼睛勉強可以辨識出來的一個細小微塵而已。但是更讓人不可思議的是，幾乎該原子的**全部重量**都集中在那一丁點大的**原子核**裡面。到底是什麼使得電子不會掉落到原子核表面上去？這可都是因為這個測不準原理（uncertainty principle）！

　　假如這些電子果真跑到原子核裡面，我們不就知道它們的確切位置了嗎？那麼依據測不準原理，它們一定得有**非常大**、但是不確定的動量，也就是具有非常巨大的**動能**。有了這樣大的動能，原子核也就限制不了這些電子，電子隨時又會掙脫出來。於是它們做了

一個妥協，爲了遷就這個不準度，它們給自己預留下一些空間，自動保持一些最起碼的晃動，以符合這項規則的要求。（你還記得前面我們說過，當一個晶體的溫度給降低到絕對零度時，其中的原子並不完全靜止下來，仍然保持著晃動。爲什麼會這樣呢？假如它們果眞停了下來，那豈不是讓我們知道了它們的位置，並且如此一來，它們也沒有了動量，這樣當然是違背了測不準原理。既然我們不可能知道它們的確切位置，也不該知道它們動作有多快，所以它們就必須不停晃動了！）

另外一個由量子力學衍生出來的極爲有趣的概念，使得我們在科學理念上有了極大的**轉變**。那就是在任何情況下，我們永遠無法**精確**的預料將會發生什麼事。譬如說，我們可以安排一個可以發光的原子，而且在原子發光之後，我們能夠捕捉住原子所射出的光子（待會兒我們就會說明光子是什麼），以測知原子已發光。但是我們不可能預測出這一個原子在**什麼時刻**會放光，或是在一群原子裡面，**哪一個**原子會先放光。

你可能會說，這裡面一定有個某內部「機關」在控制著，只是我們看得不夠仔細，沒有找出來罷了。那你就錯了，這裡面壓根兒就**沒有**什麼機關，以我們現在所知，自然世界中的一切，在任何一個單獨實驗裡面，**基本上**就是**不可能**精確預測到什麼事會發生。這可眞是件恐怖的事情。許多哲學家說過，科學的一項最基本的要求就是，不論你在哪裡，只要安排的條件全部一致，同樣的事情務必發生。這個說法根本就**不對**，而它也**不是**科學的必要條件。事實上，同樣的事情並不是次次都會發生無誤，我們所得到的發生結

果，只是一個統計上的平均值罷了。即使如此，科學並未因而崩潰解體。

　　順便一提，哲學家發表了一大堆什麼是科學**不可或缺**的東西，但這些說法以我們目前的瞭解而言，全部都顯得相當幼稚，甚至有可能全是錯的。譬如說，有些哲學家曾經說過，科學有個基本假設，那就是如果同一個實驗，分別在瑞典首府斯德哥爾摩，跟厄瓜多首府基多兩處進行，**同樣的結果**一定會發生。這種說法是錯的！**科學**不必然得如此，這個假設充其量只能說是反映經驗，但絕非必然。舉個例子，假設實驗之一是仰望天空，在斯德哥爾摩，由於離開北極圈不遠，經常可以看到北極光的現象，但在赤道附近的基多，就絕對無法看到同樣的極光。天空中景觀迥異，蓋地理位置不同也。

　　你會說：「啊！那是跟外界扯上關係的緣故。如果你把自己關在一個籠子裡，四周拉下布幔，然後進行實驗，那麼結果還會有任何不同嗎？」

　　確實會有不同結果。譬如我們拿一個擺（pendulum）來，懸吊在一個沒有方向性的萬向接頭上。把擺拉到一邊，然後放手，於是擺開始盪來盪去。初初看來，**擺盪方向**幾乎是保持在同一平面之內，但觀察久了又不盡然。我們發現，這個擺盪平面的方向在斯德哥爾摩會隨著時間慢慢改變，在基多則不會。儘管布幔已放下了，但實驗結果仍不相同。其實講這例子的重點是，即使是這樣子，科學並不會因此而垮掉。

　　那麼到底什麼才是科學最基本的假設呢？我們在本書第 1 章已

經提到：**實驗是檢驗任何觀念是否屬實的唯一方法**。如果大多數的實驗，在基多和斯德哥爾摩兩地分別做下來，得到的結果都無分軒輕，我們則可利用那些「大多數實驗」歸納出某個普遍的定律來。而那些得到不同結果的實驗，我們就會歸因於實驗地點附近的環境因素不同。我們會發明出某些方法來說明實驗的結果，而不必事先被告知這些方法必須是什麼樣子。如果有人告訴我們相同的實驗永遠會產生相同的結果，那也很好，但當我們去做實驗時，如果發現這個說法**不**成立，那它就**不**成立。我們必須接受實驗的結果，並依據真實的經驗去建構我們的想法。

再回過頭來看看量子力學與基本物理，現在我們當然還無法深入探討量子力學裡面的所有原理，原因是它們確實是相當難懂、難以體會。我們在此採取的辦法是，先不管道理何在，只當它們存在，才好描述一些它們所造成的自然現象。這些現象之一就是，我們以往認為純粹是波的東西，居然也具有粒子的性質，而粒子同時亦具備波的性質。事實上，一切東西都是既似波也似粒子，沒有所謂波與粒子的差別。也就是說，量子力學把場以及場的波的概念，與粒子的概念**結合**了起來。如今我們所知道的是，在頻率較低的情況下，波的性質會比較明顯，因而在處理日常遇到的相關問題時，單以波動看待，便足以概括求出所需要的答案。但是隨著頻率增高，整個現象裡的粒子特性就愈來愈明顯，且漸漸取代波動特性，成為我們實際偵測到的主要內容。雖然我們動輒說頻率若干若干，實際操作上，我們還從未直接觀測到高過每秒 10^{12} 週的頻率。那些高頻率值都是由粒子的能量**推算**得來的，而這個推算規則假設了量

子力學的波一粒子觀念是正確的。

　　如此一來，我們對電磁交互作用有了嶄新的看法，我們在已知的電子、質子、中子之外，可以又加上一種叫做**光子**（photon）的**新粒子**。這個電子與光子交互作用的新觀點，就是電磁理論，而且一切仍然符合量子力學的要求，這門學問就叫做**量子電動力學**（quantum electrodynamics）。這個用來解釋光與物質之間、或電場與電荷之間交互作用的基本理論，是到目前為止，物理學上最偉大的成就。在這套理論裡，所有日常看得到的自然現象，除了重力和各種核反應過程之外，我們都有基本規則可循。譬如由量子電動力學推演，我們可以得到所有已知的電學定律、力學定律及化學定律：諸如撞球碰撞定律、磁場裡電線的運動、一氧化碳的比熱、霓虹燈的顏色、食鹽的密度、氫與氧化合成水的反應等等，這些都是這同一個定律演繹出來的結果。只要周圍情況夠單純，我們能做近似估算的話，所有上面這些細節都可以一一推導出來。

　　雖然夠單純的情況在自然界中難得一見，但是我們倒是經常能夠或多或少看得出所發生的是怎麼回事。目前至少在原子核外面的世界，我們還從未發現過有任何不合量子電動力學定律的事情。至於原子核裡面是否例外，我們不得而知，因為我們還不瞭解核內運作的情形。

　　如果生命現象完全可以由化學反應來解釋，而化學又都可從物理推演出來（我們早已知道化學所涉及的物理部分），那麼原則上，量子電動力學就是一切化學以及生命的理論基礎。此外，量子電動力學還預測了許多新的事物。首先它說明了極高能量的光子、

γ 射線等的物理性質。其次它還預測了，在電子之外，應該另有一種跟電子質量一樣、卻攜帶相反電荷的粒子，叫做**正子**（positron），這兩種粒子一旦碰上，就會互相湮滅，並且發射出光或 γ 射線來。（畢竟光和 γ 射線是同樣的東西，其間差別只是它們各自具有的頻率不同罷了。）以此類推，我們發現所有粒子皆有其反粒子，只有電子的反粒子有個不一樣的名稱，其他某某粒子的反粒子就叫做反某某，諸如反質子、反中子等等。

既然量子電動力學能解釋世上一切，照理我們只需要輸入**兩個數字**，亦即電子的質量與電子的電荷，世上一切數值都應該能夠計算出來。但事實上並非如此簡單，我們還得知道化學上的一整套數值，才能知道各個原子核的重量來，那就是我們以下要講的部分。

2-4　原子核與粒子

到底是什麼東西構成了原子核？而這些東西又是如何被綁在一塊的？我們知道原子核裡有非常巨大的凝聚力，這種核內凝聚力一旦釋放出來，所產生的能量比起化學能來，不知要大過多少倍。正如同拿原子彈跟三硝基甲苯（TNT）炸藥的威力來做比較一樣，原子彈的爆炸威力來自原子核內部的變化，而TNT炸藥則是靠原子核外電子的變化。

問題是什麼力把質子跟中子綁在原子核之內？湯川秀樹（Hideki Yukawa, 1907-1981，諾貝爾物理獎1949年得主）認為，既然電磁交互作用跟光子有關，中子與質子之間的力也有某種形式的場，當這個

場晃動的時候，它也會展現出粒子的行為。如此一來，在這世界上，很可能在中子與質子之外，還有其他粒子存在。而湯川秀樹就利用我們已知的各種核力特性，推算出這些粒子的物理性質。譬如說，他預測這些粒子的質量應該是電子的200倍或300倍。後來果不其然，科學家在宇宙線內發現到一種粒子，剛好具有這樣的質量！不過稍後又發現，這個粒子並非湯川秀樹所要的粒子。我們後來把這個粒子稱為 μ 介子或緲子（muon）。

好在不久之後，大約在1947跟1948兩年中，科學家發現了另一種粒子，叫做 π 介子或派子（pion），才滿足了湯川秀樹所預設的條件。於是在質子與中子之外，為了要得到核力，我們就必須加上派子。有了派子，你會說：「這下可好了！有了這套理論，我們創造出包括派子的量子核子動力學，跟湯川秀樹當初所預期的正好對應上，只要能證明它確實存在無誤，那麼一切核現象都能解釋，一切就功德圓滿啦！」但是我們的運氣沒那麼好，這套理論牽涉到的數學計算非常繁複困難，目前尚無人能夠推導出這套理論的結論，也沒想出任何實驗方法來驗證這套理論是對是錯。在整理這篇講義時，雖然理論已出現了幾近二十載，依然陷於膠著，毫無進展。

所以我們就如此被困在這套理論裡，弄得進退失據，也不知道它究竟是對還是錯。其實嚴格說來，我們確實已經知道這套理論犯了一些小錯誤，或至少它並非完善。因為就在我們沈迷於計算，企圖從理論方面尋找結論的歲月裡，實驗物理學家陸續又發現了一些東西。例如前面提到的 μ 介子或緲子，我們仍然不知道它的作用是啥。另外在宇宙線內，科學家還發現一大堆「額外」的粒子，到目

前已經累積到約有30種之多。

　　要一樣樣搞清楚所有這些粒子之間的關係，自然界要這麼多的粒子幹什麼，以及其間的關聯等等，實在是困難重重。我們目前還沒辦法將這些粒子解釋成同一個物體的不同面向。而我們面對著這麼多互不相干的粒子，正好顯示了我們手握一大堆不相干的資訊，但欠缺一個能派上用場的理論。

　　在量子電動力學的偉大成就之後，我們也一半靠過去經驗，一半從理論推演，多少聚集了一些不很精緻的核物理知識，知道中子與質子之間有著某種力存在，知道它造成的後果，但也真的完全不瞭解這力從何而來。更糟糕的是，不論我們多努力以赴，幾十年下來絲毫沒有進展。以往我們也曾經遭遇過類似的情況：蒐集了一大堆化學元素，也曾一度覺得它們雜亂無章、毫無頭緒，最後卻是峰迴路轉，陡然之間，它們中間出現一整套前人沒有想到的關係，全部包含在一張門得列夫（Dmitri Mendeléev, 1834-1907）的元素週期表裡。比方說，鈉跟鉀的化學性質幾乎一樣，而這兩個元素在門得列夫週期表裡屬於同一欄（族）。

　　科學家一直想依樣畫葫蘆，把過去發現的新粒子，按照門得列夫週期表的方式排列成關係圖表。美國的葛爾曼（見〈作者簡介〉）以及日本的西島和彥（Kazuhiko Nishijima）已分別製作出這樣的一個表來。他們用此來做為粒子分類的依據，是一個新的數值。這個數一如電荷數，可指派給每一種粒子，叫做粒子的「奇異性」（strangeness），以 S 代表。此數值亦有如電荷一般，在核力反應前後守恆不變。

　　大部分已知粒子都列在表2-2內，雖然目前我們還無法詳加討論，但是這張表至少告訴了你，我們所知實在是非常有限。圖中每一個粒子名稱的下方，注明了該粒子的質量值，用單位的是百萬電子伏特（MeV），1 MeV（＝ 10^{-3} GeV）相當於 1.782×10^{-27} 公克。我們純粹是因為歷史淵源才選用這個單位，此處暫不深入解說。表中把比較重的粒子列在表的上方，我們看到中子跟質子的質量幾乎相同。我們把帶著相同電荷的粒子放在垂直的同一欄裡：把所有電中性的粒子放在中間一欄裡，把帶正電的粒子全放在右手欄裡，帶負電的則集中在左手欄裡。

　　所有粒子的下面，各畫了一道實線。而所謂的「共振階」下方，畫的則是一道虛線。此表可是漏掉了好幾種粒子，包括一些重要的零質量、零電荷粒子，外加光子及重力子（graviton），原因是在重子、介子、輕子這樣的分類方式下，它們誰也不歸屬。另外沒列出來的，還有幾個後期發現的共振階，如K*、ϕ、η等。

　　所有介子的反粒子都已列在表上，但是若要把輕子與重子的反粒子也給列出的話，則必須列在另外一張表上，那張表是原來這張表的反射像，除了把左右互相掉換過來，粒子改為反粒子之外，兩張表看起來應該完全一致。雖然所有粒子，除了電子、微中子、質子、重力子和光子少數幾個外，都非常不穩定，然而表上只列了共振階的衰變成品。輕子沒有奇異數，因為它們不與原子核發生強交互作用。

　　與質子、中子同屬一類的粒子叫做**重子**（baryon），它們包括以下幾個：一個質量為1,115 MeV的Λ（lambda）粒子，以及三個叫做

表2-2　基本粒子

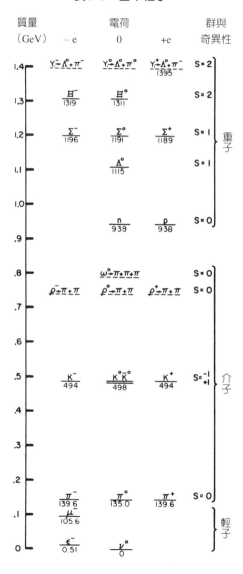

Σ（sigma）的粒子。三個Σ粒子分別各帶負電、電中性、正電，它們的質量幾乎相等。這種質量幾乎相等的粒子群，我們稱之為多重態（multiplet），它們之間的質量差異，多不超出一個或兩個百分點。同一個多重態中的粒子，都具有同樣的奇異性。第一組多重態粒子就是質子－中子這對二重態（doublet），接著是一個單態（singlet）的Λ粒子，再就是Σ粒子三重態，最後是Ξ（xi）粒子二重態。

最近，1961年，科學家又發現了幾個新的粒子，它們是否真算是粒子還有些問題，因為它們的生命著實太短，幾乎剛一形成就立刻衰變掉了，所以我們不知道應該認為它們是新粒子呢，或者只是在Λ與π粒子衰變過程中，所產生的一種具有某些特定能量的「共振」交互作用而已。

除了上述的重子外，其他參與核交互作用的粒子稱為**介子**，其中人們會最先想到派子，它們有三種，分別是帶正電、負電、與不帶電，同樣形成一個多重態。我們還發現一些新玩意兒叫做 K 介子，它們以二重態存在，記為K^+與K^0，除了有些粒子是**其本身**的反粒子外，每一種粒子都有它自己的反粒子。譬如π^-跟π^+互為反粒子，而π^0是它自己的反粒子。K^-與K^+互為反粒子，而K^0跟$\bar{K}^0$互為反粒子。在1961年，我們也發現了一些新介子，或**疑似**介子的東西，也是生成之後立即衰變掉了。其中有個叫做ω的東西，有著780 MeV的質量值，衰變後成為三個派子。此外還有一個比較不確定的東西，會衰變成兩個派子。

這些稱為介子與重子的粒子，以及介子的反粒子也都列在同一

張表上，而重子的反粒子則否，它們必須排列在另外一張表上，兩
張表以中間電中性欄爲軸，互爲反射像。

　　這張基本粒子表，跟門得列夫的週期表有些異曲同工之處。週
期表大致說來相當不錯，只是其中有爲數頗多的一些稀土元素（鑭
系元素），孤懸在表外。這張基本粒子表亦復如是，其中有一些粒
子在原子核中不發生強交互作用，與核交互作用沒有關係，彼此之
間也不會發生強交互作用，所以未列於這張表內，它們就叫做**輕子**
（lepton）。

　　輕子包括以下幾種粒子：第一個是電子，它的質量非常輕，僅
僅 0.510 MeV 而已。其次是 μ 介子，或稱緲子，它可是比電子重了
許多，是電子質量的 206 倍。到目前爲止，所有的實驗結果告訴我
們，電子與緲子除了質量不一樣外，其他性質完全一樣。至於爲什
麼一個較重？較重有啥用途？我們不知道。除了電子與緲子之外，
還有一種電中性的輕子，叫做微中子（neutrino），這種粒子的質量
等於零。* 事實上，我們現在知道有**兩種**不同的微中子，一個跟電
子有關，另一個跟緲子有關。

　　最後，我們還有兩種不會與原子核內的粒子起強交互作用的粒
子：一種是光子，另一種可能是重力子，兩者都是零質量。我們之
所以說「可能是重力子」，而不直接就說是重力子，原因在於重力
的量子理論仍未建立，所以我們並不確定重力場跟電磁場一樣，也

　　　* 中文版注：最新的實驗顯示微中子其實帶有極微小的質量。

有叫重力子的對應粒子。

　　那麼什麼又是「零質量」呢？這表上所列的質量，是指粒子在**靜止**狀況下的質量而言。所以一個零質量的粒子意味著，它永遠不會**靜止**下來。譬如光子就從未靜止過，它永遠是以每秒186,000英里的速率在移動。我們以後會討論到相對論，一旦我們對相對論有所理解之後，自然就會對質量的意義有更深一層的瞭解。

　　總之，我們面對著這些為數頗眾的粒子，它們合攏起來，似乎就是這個世界上物質的基本組成成分。幸運的是，這麼多粒子相互之間發生交互作用時，並非每一種粒子都有它獨特的方式。事實上，所有粒子之間的**交互作用**，似乎跳不出**四種**類型。按照強度漸減的順序，它們分別為核力（強作用力）、電磁交互作用、β衰變交互作用（beta-decay interaction，弱作用力）、重力。

　　光子可與所有帶電粒子耦合（coupling），此即電磁交互作用，該交互作用的強度可用某個數來衡量，該數為1/137。我們已經知道這類耦合的細節定律，它就是量子電動力學。重力會和一切的能量耦合，不過這類耦合極端微弱，遠比電磁交互作用弱得太多，所牽涉到的定律就是已知的萬有引力定律。強於重力的是所謂的弱衰變，或稱β衰變，它讓中子衰變成了質子、電子和微中子，衰變速率相當緩慢，有關此衰變的定律我們僅只知曉一部分。至於所謂的強交互作用，或是介子－重子交互作用，其強度為1，所牽涉到的定律則完全未知；我們僅知道幾個相關定則，例如在任何反應前後，重子的數目不會改變。

　　以上就是我們今天物理學所處的尷尬情況。總結說來，我個人

認為，凡是屬於原子核以外的世界，我們好像都知道是怎麼回事了。至於原子核內，我們只知道量子力學應當通行無阻，從未發現其中有違背量子力學原理的例子。我們一切知識的背景舞台，可說是在相對論性的時空內。重力在時空中可能插上一腳。我們還不知道宇宙當初是怎樣開始的，而且我們也還從未能夠用實驗證明，在某個微小距離以內，我們對空間與時間所抱持的觀念是否正確。所以只能說，我們僅僅**知道**，我們的觀念在大於那個距離的情況下，才正確無誤。

我們還應該再次強調，物理學的基本遊戲規則就是量子力學原理。至少**據**我們所知，這些原理不但適用於舊有的粒子，也適用於所有新發現的粒子。追究原子核中的力來源，引導我們發現了更新的粒子。但不幸的是，這些粒子太多了，我們仍然缺乏對它們之間互動關係的全盤瞭解 —— 儘管我們已經知道，裡面有些出乎意料的關係存在。

目前我們似乎仍在黑暗中摸索，尋求對次原子粒子世界的瞭解。但我們真的不知道這樣的摸索還要持續多久。

表2-3　基本交互作用

耦合	強度★	定律
光子對帶電粒子	$\sim 10^{-2}$	定律已知
重力對所有能量	$\sim 10^{-40}$	定律已知
弱衰變	$\sim 10^{-5}$	部分定律已知
介子對重子	~ 1	定律未知（僅知若干定則）

★　此處的強度是指各種交互作用的耦合常數（coupling constant），是個無因次值。
　　～表示大約的意思。

物理學與其他科學的關係

我們為了方便起見，在心目中把這杯酒，

也就是這個宇宙，劃分開來，成為許多學門，

諸如物理學、生物學、地質學、心理學……

不過得牢記心中，大自然可不知道有這個分法！

所以讓我們再度把它們還原成一體，

且不要忘記當初為什麼要把它們分開。

3-1　物理無所不包

　　物理學是最基本且無所不包的一門科學,對一切科學的發展都有舉足輕重的影響。事實上,今日的物理學就是昔日稱為**自然哲學**(natural philosophy)的學問,大多數現代科學的學門發源於斯。許多學科的學生不得不學習物理學,只因為物理在一切自然現象裡,扮演最基礎的角色。

　　在這一章裡,我們將試著說明其他科學中有什麼基本問題。當然我們不可能奢求在如此簡短的篇幅內,把所有其他科學涉及的複雜、微妙、美麗細節,都講清楚。同樣因篇幅的限制,也不容我們討論物理與諸如工程、產業、社會和戰爭之間的關係,甚至是數學與物理之間不凡的關係。(從我們的觀點來看,數學不能算是一門科學,原因在於它不是**自然**科學,其有效性無法以實驗來證明。)此處我們必須開宗明義說明,任何不科學的事物,不見得一定不好。愛情就是一個好例子,愛情不是一門科學。所以如果有人說某件事物不科學,並不一定意味該件事物真的出了什麼差錯,而只是指它不是一門科學罷了。

3-2　化　學

　　物理學以外的其他科學中,受物理影響最大的可能是化學。歷史上,早期化學研討的主題,幾乎完全屬於我們如今稱為無機化學

（inorganic chemistry）的這個部分，也就是跟生物無關的物質的化學變化。人們須歷經眾多相當仔細的各式各樣分析，才能發現眾多元素的存在，以及它們相互間的關係，例如這些元素如何構成岩石、土壤等物體中所發現的各種較為簡單的化合物。

這些早期的化學研究對物理學非常重要，這兩門科學之間的互動，真是再密切不過，因為物理學中原子理論的證實，大部分仰仗化學實驗。而化學上的各個理論，亦即化學反應所遵循的理論，大部分都可從門得列夫所創的元素週期表，看出一個大概來。週期表告訴我們，各種不同元素之間有許多奇怪的關係。所謂的無機化學不外乎就是一些規則，這些規則說明了元素中誰跟誰才能發生化學反應，又如何發生化學反應。

其實這些規則歸根究柢，原則上全都可以用量子力學來加以解釋，因此理論化學實質上就是物理學。另一方面，我必須強調，這只是一種**原則**上的解釋而已。正如同我們在前面討論過，知道西洋棋的下棋規則，與會下棋是兩回事。所以即使我們完全瞭解規則，卻不能保證棋就會下得很高明。不過經驗告訴我們，在任何化學反應裡，要精確無誤的預估會發生些什麼，是非常困難的事情。總之，理論化學中最深奧的部分，一定會是跟量子力學搭上了線。

物理學和化學還有個共同分支，過去是由這兩門科學一起幫忙發展，如今已經獨自成為極端重要的一門學問。這就是將統計方法應用到力學定律也成立的情況，這門學問當然就稱為**統計力學**（statistical mechanics）。

在任何化學反應中，都有很大數量的原子參與，而我們已經看

到原子會以非常隨機及複雜的方式在晃動。如果我們能夠逐一去分析每次碰撞結果,並且跟蹤每個分子的動作細節,我們或許才能預測到下面接著會發生什麼。但是有這麼多分子需要個別跟蹤,數目遠超過任何電腦的能力極限,更不用說人的心智了。因此有必要去開發一套新的方法,也就是統計力學,來處理如此複雜的情況。

因此統計力學就是研究熱現象的科學,也就是熱力學。做為一門科學而言,如今的無機化學,已經演變成了物理化學(physical chemistry)與量子化學(quantum chemistry)。物理化學是研究化學反應發生的速率,以及反應的細節。(例如分子如何撞上?碰撞後哪一塊先斷開?)而量子化學的目的,則是幫助我們以物理定律來解釋所發生的一切。

化學的另一分支是**有機化學**(organic chemistry),這門學問所研究的是與生物有關聯之物質的化學變化。過去曾經有段時期裡,人們相信所有與生物有關的物質都非常奇妙,以致於它們絕對無法以人工方法從無機材料製造出來。這個觀念完全不對,有機物跟由無機化學製造出來的物品一樣,只是參與其中的原子排列比較複雜一些。生物學提供了材料給有機化學研究,所以有機化學顯然和生物學以及產業有非常密切的關係。

物理化學與量子化學可以應用到無機化合物,同樣也可以應用到有機化合物上。雖然這樣,有機化學的主要問題並不在這些方面,而在分析及合成那些組成生物系統或生物體內的各種物質。這個目標自自然然、不著痕跡的,一步步把有機化學帶向生物化學(biochemistry),然後再到生物學本身,或是分子生物學上。

3-3　生物學

　　如此我們跟**生物學**搭上了線。生物學研究的對象就是活著的東西，早期的生物學必須處理純粹的描述問題，以便瞭解有**哪些**生物，因此生物學家不得不去數計諸如跳蚤腿毛之類的東西。等到花費了許多功夫把這些事情都弄得差不多齊全了，生物學家開始把注意力移轉到生物體內的**機制**上。自然界一開始只能粗略看個大概，因爲要仔細看出名堂，必須費些時日，花些功夫，不可能一蹴而幾。

　　早期物理學與生物學有一段滿有趣的淵源，其間生物學幫助了物理學發現了**能量守恆律**。發現這定律的梅耶（Julius Mayer, 1814-1878），當初就是靠量度生物所吸收進去與釋放出來的熱量，而推斷出來的。

　　如果我們更仔細觀察活著的動物的各種生物學過程，我們會看到**許多**物理現象，例如血液的循環，牽涉到唧筒、壓力等問題。動物身上有神經，所以當我們不小心一腳踩在一塊尖石頭上，我們馬上就會知道。腳底刺痛的感覺會以某個方式經過腿給送了上來，問題是怎麼會這樣？生物學家研究神經後，得到了這樣一個結論，神經是些非常細的管子，管壁非常薄，但也相當複雜。神經細胞能夠**驅動離子**，使它穿透過管壁薄膜，結果是正離子在膜外，而負離子則在膜內，形成一個電容器的模樣。

　　如此一來，這片薄膜有了一個有趣的性質：如果它在某一個地方發生「放電」，意思是說一些離子可以穿過那個地方，使得該處

的電壓隨之下降。那樣就會產生電場變化，影響到附近的離子以及薄膜本身，於是附近的薄膜也跟著起變化，一樣讓離子通過。如是一而再，再而三，愈傳愈遠，形成一個薄膜「穿透性」（penetrability）變化的波，沿著神經纖維傳遞下去。前面所提的踩到石頭，就是神經的一端受到「刺激」，引發了放電。這裡形成的波，有些像一長串直立著的骨牌，一旦一端的骨牌被推，它會推倒下一個，而下一個又會推倒下下一個，如此類推的結果，把訊號傳遞了出去。當然這樣子只能傳遞訊號一次，想再利用它，必須把倒了的骨牌再扶起來。神經細胞也是一樣，只是神經細胞有個機制，可以慢慢再度把離子驅逐出去，讓神經復原並且準備好，以便接受下次的刺激。

　　這就是我們隨時知道自己在做什麼（或起碼身在何處）的原委了。當然，跟神經脈衝有關的電效應，也可以利用電學儀器偵測得到，而且正因為**有**電效應參與，很明顯的，各種電效應的物理對於人們瞭解神經功能現象，非常重要。

　　那麼反過來的效應又是如何呢？如從腦袋裡某處，有個訊號要順著一根神經傳遞出來，神經的末端會發生什麼事呢？在神經的末端，它分岔成為一些微細的小枝椏，連接到肌肉附近的一種結構上，這個結構叫做終板（end-plate）。為何會有如此安排，我們不是很瞭解。當脈衝到達神經的末端時，有一種化合物，叫做乙醯膽鹼（acetylcholine），會一小包、一小包的從神經末端噴射出來（通常一次不過5個到10個分子）。它們會對肌肉纖維產生作用，造成肌肉的收縮。

　　哇！原來如此，就這麼簡單呀！那麼到底是什麼使得肌肉收縮

呢？肌肉是由一束數目非常龐大的纖維，緊緊湊在一起組成的。纖維裡含兩種不同物質，分別叫做肌凝蛋白（myosin）和肌動蛋白（actin）。至於乙醯膽鹼如何導致了化學反應，促使這兩種物質的分子形狀在長寬尺寸方面發生了改變，這套機制如何運作，我們至今仍不甚瞭解。總之，我們對於肌肉中能夠導致機械動作的基本過程仍不瞭解。

生物學包羅萬象，其中有一大堆問題，我們根本沒有時間在此一一提出，問題包括視覺怎麼運作（光線在眼睛裡產生何種作用），聽覺又是怎麼一回事等等。（不過有關**思考**如何運作，稍後在講到心理學時，我們會談到一些。）

其次，我們剛才討論過跟生物學有關的幾件事情，從生物學的觀點來看，實在是不夠基本，算不上是生命的要素。因為即使我們搞清楚了它們的來龍去脈，仍然不足以幫助我們瞭解生命現象。譬如，研究神經的學者覺得他們的工作非常重要，因為若無神經，就不成其為動物了。但**生命**不一定**非得**有神經不可。植物就是個好例子，它們既無神經，亦無肌肉，但是植物運作得很好，一樣是活著。所以為了瞭解生物學的根本問題，我們必須看得更深入。

經過這樣一番檢視，我們發現所有生命都有許多共通的性質。其中最普遍的要件是它們都由**細胞**（cell）組成，而每一個細胞裡面都具有複雜的機制，借助化學變化來做許多事情。譬如在植物細胞裡，就有吸取光線、製造葡萄糖的機能。在天黑的時候，葡萄糖被當作食物，維持植物的生命。等到該植物被動物吃進肚子，其中葡萄糖在動物體內引發一系列的化學反應，這些反應跟植物體內進

行的光合作用,以及在無光時期內進行的化學分解,關係非常密切。

　　各種生命系統的細胞中,有許多細緻的化學反應,它們逐步把種種化合物改變成其他的化合物。在生物化學方面,我們已累積下大量非常了不起的研究成績。圖3-1所描繪的,就我們目前所知,只是發生在細胞內眾多一連串化學反應的一小部分而已。

　　在這張圖上,我們看到一整串不同分子,一小步一小步的,從一個分子轉變成另一個分子,而形成了一個序列或循環,我們稱它做克利伯斯循環(Krebs cycle),也就是呼吸循環。其中每一個化合物及每一步驟,以分子的變化而言,都相當簡單。

　　但是我們**很難在實驗室中做出這些化學變化**,這是生物化學的重要發現。如果我們同時有兩樣十分近似的物質,其中之一不會無緣無故搖身一變就成了另一樣物質。原因是兩者之間,通常會有一道能量障礙或能量「山丘」。有個比喻可說明這個情形,那就是我們要把一件重物,從甲地挪到高度相同的乙地,本來因為高度相同,不應太費力氣,但若是甲、乙兩地隔著一座山丘,就不一樣了。我們得花許多額外的力氣,才能把重物推過山頂,達成目的。

　　所以絕大多數化學反應之所以不發生,是因為這些反應需要所謂的**活化能**(activation energy)才能發生。我們要把一個原子附加到某個化合物上,必須先讓雙方**靠近**到某個程度,才能做些調整,原子才能黏上去。如果我們不能給它足夠的能量,以便讓雙方接近到那個程度,則化學反應就無法發生。就像是我們力氣不夠,只能把重物推到半山腰,然後不得不讓它滑回原地一樣。

　　但是假如我們真的能夠把該化合物分子拿在手裡把玩，把分子上的一些原子拉過來、推出去，使該分子上出現一個洞口，讓新原子能夠輕易進入，等它進入分子後，再做一番調整，讓分子又恢復到原狀。這樣等於我們找到另一條路，**繞過**了山丘，也就不再需要爬坡用的額外能量，而能讓化學反應很容易進行。

　　在細胞裡面真的**有**一些**非常**大的分子，遠大於那些我們剛才提

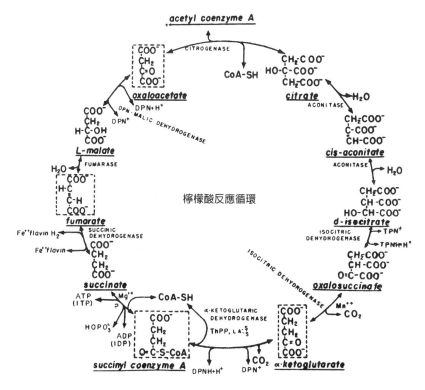

圖3-1　克利伯斯循環

到、本身發生化學反應變化的分子,這些大分子有某種甚爲複雜的辦法,能夠把那些小分子抓住,且形成適當的位置形態,讓反應順利進行。這些巨大又複雜的東西叫做**酶**(enzyme)。〔起先它們被稱爲酵素(ferment),因爲人們是由糖的發酵過程中最早發現了它們。事實上,克利伯斯循環裡有幾個反應,就是那個時候發現的。〕有酶在場的情況下,反應很容易進行。

酶的本質是**蛋白質**,酶分子相當巨大複雜,而且每一種酶的長相全都不同,都是個別爲了控制某一個化學反應,由許多胺基酸(amino acid)以不同的組合製造出來的。在圖3-1中,每一步反應所牽涉到的酶,名稱就寫在反應的箭頭符號旁邊。(同一種酶有時可以控制兩個化學反應。)

我在這兒要特別強調,酶本身並不直接參與化學反應,它在反應前後不發生變化。它的作用只是讓一個原子從一處轉移到另一處。當它幫助一個分子完成反應之後,又即刻可以幫助下一個分子,就像工廠裡的機器一般。當然這麼做,必然會牽涉到原子的供應來源,以及原子的去處之類的問題。讓我們拿氫原子當作例子,有些酶具有一些特殊構造,能夠幫助某些化學反應來載運氫原子。在圖3-1這個化學反應循環裡面,處處用到了三、四種將氫拿掉的酶。有趣的是,這機制可以把在一處釋放出來的氫,載送到另一處去用掉。

圖3-1這個反應循環內最重要的一個功能,是把ADP(adenosine diphosphate,腺嘌呤核苷二磷酸)轉變成ATP(adenosine triphosphate,腺嘌呤核苷三磷酸),因爲後者比前者含有較多的能量。就好像酶上

頭有個可以攜帶氫的「盒子」，這些牽涉到三磷酸根的特殊「盒子」可以攜帶**能量**。其實利用三磷酸根裝載能量的盒子，不只ATP一個，另一個例子是GTP（guanosine triphosphate，鳥糞嘌呤核苷三磷酸），同樣的，GTP比GDP含有較多的能量。當這個反應循環順著它通常的方向進行，就能得到諸如ATP的高能量分子，可用來推動其他**需要**能量的反應循環，譬如說肌肉的收縮動作。如果沒有ATP在場，肌肉不會發生收縮。我們可以把肌肉纖維放在水中，只須簡單加上一些ATP，那些纖維就會發生收縮，同時利用適當的酶將ATP轉換成ADP。所以從整體上來看，這個反應循環的真正目的，可說是ADP跟ATP的互相轉換。植物在白天行光合作用，累積下大量的ATP，夜間為了推動體內其他化學變化，需消耗能量，於是ATP又轉變成ADP。這兒我們應該特別注意，酶本身並不在乎化學反應的進行方向，因為假如它不是這樣子，就違背了物理定律。★

　　物理之所以對生物學及其他科學極其重要，還另有一個緣故，和**實驗技術**有關。實際上，要不是實驗物理卓有成就在先，這些生物化學圖表根本到現在還不會有人知曉。原因是分析這些複雜無比的系統最有用的一樣工具，就是把參加化學反應的原子**貼上標籤**（label）這一招。試想如果我們能夠把一些「著了顏色」的二氧化

　　★ 中文版注：此段原文的內容，早已過時，中譯本已依照目前通用生物化學教科書，酌予修改彌補，是以譯文與原文間有些明顯出入。

碳，混進這個反應循環系統裡面，等個三秒鐘後我們去做測試，看看這些顏色出現在何處，然後等到第十秒時再同樣去測，看看它又跑到另外什麼地方。如是一直做下去，就可以把反應的過程定出來。

這些有色標籤又是什麼東西呢？它們就是**同位素**（isotope）。我們還記得前面說過，原子的化學性質是由它的**電子**數來決定，而不是由原子核的質量來決定。例如在一般碳原子裡面，可以有6個或7個中子，然後外加6個質子，組成碳原子的原子核，它們分別稱為C^{12}跟C^{13}原子。在化學性質上，C^{12}跟C^{13}完全一樣。但是它們之間顯然有重量不同，以及其他不同的核物理性質，因而可以用物理方法分辨開來。只要利用不同重量的同位素，就可以逐步尋找出反應路徑來。為了提高分析所用方法的靈敏度，我們甚至可以利用帶放射性的同位素，如C^{14}。

好了，讓我們再回酶和蛋白質這個題目上。蛋白質不見得都是酶，但是所有的酶可全是蛋白質。★ 蛋白質的種類很多，諸如組成肌肉的蛋白質，以及一些存在於軟骨、毛髮、皮膚結構內的蛋白質，它們可都不是酶。不過總而言之，蛋白質是生命中非常獨特的

★ 中文版注：其實酶也不全然都是蛋白質。1981年，科學家發現，有一類RNA（核糖核酸）分子具有催化功能，可以促進化學反應發生，但本身在反應前後不發生變化，跟酶一樣，因此這種RNA分子稱為核糖酶（ribozyme）。

東西，其一是因為它構成了所有的酶，其二就是除酶之外，大部分
與生命有關的物質，也是由蛋白質組成的。

　　蛋白質的構造非常有趣且簡單，基本上是由一系列或一串不同
的**胺基酸**連接而成的。常見的胺基酸一共有20種。它們之間能夠
首尾連接起來，一個胺基酸裡面的胺基（amino group 或－NH$_2$）跟
另一個胺基酸裡的羧基（carboxyl group 或－COOH），藉由脫水形成
CO－NH鍵。它們可以任意組合，像脊椎骨一般連接成一長串。所
以蛋白質在實質上，不過是這20種胺基酸以不同排列組合連接起
來的長鏈而已。

　　其中每一個胺基酸成員，都可能有它的特殊功用。例如某些胺
基酸裡面有個硫原子，如果同一個蛋白質分子裡有兩個部位有帶硫
的胺基酸，這兩個處於兩地的硫原子之間，會形成鍵結（bond）。
也就是蛋白質長鏈上的兩點，由這個鍵結而連接了起來，使得長鏈
兜過來成為一個圈子。另外有些胺基酸，因有額外的氧原子或羧基
而呈酸性，有些具有兩個胺基則呈鹼性。

　　有些胺基酸結構較複雜，拖著一大堆原子，因而很占空間。其
中有一個叫做脯胺酸（proline）的胺基酸，嚴格說來，它不應稱為
胺基酸，而只能叫亞胺基酸（imino acid）。兩者間有少許差異，使
得蛋白質的分子長鏈中，凡遇到有脯胺酸出現的地方，就會好像被
人折過似的拐個彎。如果我們希望製造出某一個特殊的蛋白質，就
會這麼做：在特定部位放上帶硫的「鉤子」，某個地方加上一個占
地方的胺基酸，再在某處拐個彎。不過如此一來，我們所得到的，
可就成了看起來異常複雜、自己在數處鉤連、曲曲折折繞成一堆的

長鏈來。而這就是所有不同的酶實際上的長相。

　　1960年代的頭幾年裡，我們在這方面的努力，換來了一項偉大的科學成就，乃是終於發現了某些蛋白質的確切立體結構。它們大致上是約56個或60個胺基酸連成複雜的一串長鏈。有兩種蛋白質它們超過一千多個原子（如果把氫原子全部算上，總數接近兩千）的位置，已經全部給決定了出來。其中一個蛋白質就是血紅蛋白（hemoglobin）。不過這項發現有樣美中不足的地方，就是我們從蛋白質的複雜結構裡，完全看不出任何其他苗頭來，我們搞不清楚它為什麼會有它的功能，跟形狀又有啥關係。當然這就是我們跟著要解決的下一個問題。

　　另一個問題是，酶如何會知道它該做些什麼？我們知道，一隻紅眼睛的蒼蠅，所產下的後代一樣會具有紅眼睛。因此製造紅色素所需整套酶系統的訊息，一定得在這種蒼蠅身上逐代傳遞下去。這項遺傳工作，跟蛋白質關係倒是不大，而是由細胞核內、一種叫做DNA（deoxyribonucleic acid，去氧核糖核酸）的物質負責。它是遺傳的關鍵物質（例如，精子細胞主要是DNA構成的），所傳遞的訊息，包括如何製造各種不同的酶。而DNA本身就是一幅「藍圖」，那麼這個藍圖的長相，到底是個什麼樣子呢？它又是如何執行它的任務呢？

　　首先，這個藍圖必須能夠複製它自己。其次，它必須能夠下指令給蛋白質。在複製程序方面，我們會很自然的把它想像成跟細胞的繁殖方式類似。細胞繁殖看來簡單，先是漸漸長大，然後攔腰一分，就成為二個。難道DNA分子也是如此？答案肯定不對，因為

分子中的每個**原子**，絕對不會長大，也不可能一分成為兩半。所以分子的複製一定得另有更巧妙的**辦法**才行。

科學家花了很長的時間，去研究 DNA 的結構。起先是用化學方法，把其中各元素的組成找了出來。然後用 X 射線去測定出它在空間的立體形狀，包括其中各個原子的相對位置。總括研究的成果，就是以下這個了不起的發現：DNA 分子是兩股互相糾纏在一起的長鏈。此 DNA 長鏈與蛋白質的長鏈外觀類似，但就化學觀點而言，兩者差異極大。正如次頁圖 3-2 所示，每條 DNA 長鏈的骨幹是一串核糖單元與磷酸根。

到此地步，我們終於可以看出長鏈狀的 DNA 是如何攜帶指示了。因為如果我們把這對長鏈從中分開，成為單獨的兩股長鏈之後，兩邊並不一樣，如圖中左手邊的一半，就成了 TAAGC……的一個特殊序列。而我們發現世間每種生物，都可以有不一樣的 DNA 序列，如此情況下，製造各種蛋白質的特定**指令**，似乎可以隱藏在不同的 DNA **序列**裡面。

跟長鏈上核糖單元部分連接在一起的，有一對對橫向的銜接接頭，可以把雙方的核糖逐一拉攏起來。這些糖上安裝的接頭並不完全一樣，而是總共有四種。它們分別是腺嘌呤（adenine）、胸腺嘧啶（thymine）、胞嘧啶（cytosine）、鳥糞嘌呤（guanine）。我們在此用 A、T、C、G 四個字母，來分別代表它們。有趣的是，這四個接頭只固定分成了兩對，即 A 與 T，以及 C 與 G，同對的彼此之間才能互相銜接。這樣的固定配對方式，使得雙螺旋 DNA 分子內的兩股長鏈雖不同，卻須互補，接頭序列上必須逐個配合，兩鏈之間

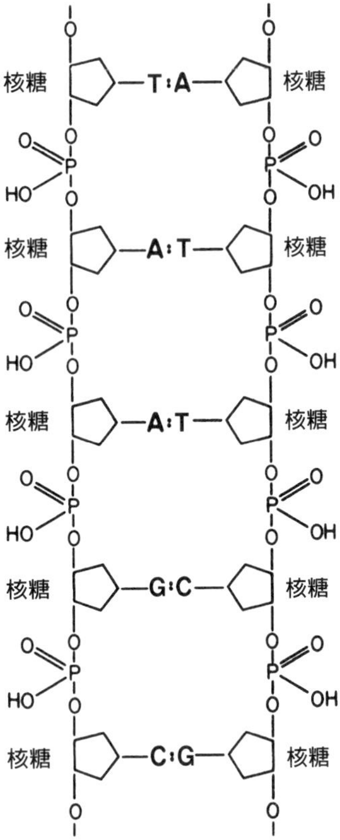

圖3-2　DNA結構之圖解

才能如同拉鍊似的合攏起來，且有很強的結合作用能量。

　　但是C與A配不起來，而T也和C配不起來。因此只要遇到C，它的對方必須是G，遇到A，對手必須是T，反之亦然。一股長鏈上的字母次序，不管是如何安排，必須跟另一股長鏈上的字母

次序逐一互補。

　　這個又跟複製有啥關係呢？如果我們把這個分子從中剖開，得到的是互補但不同的兩股長鏈。那我們又如何才能製造出序列剛好同樣的長鏈來？答案是細胞裡面有個生產部門，它的任務是提供散裝的磷酸、核糖、以及A、T、C、G四個單元等零組件，並且負責把它們按照剖開了的單個長鏈序列，一個個黏上單股長鏈，然後再把黏好的零組件串聯起來。於是就製造出一股跟原先互補的那股完全一樣的長鏈來。如果原件是TAAGC……，新製造出來的就是ATTCG……。所以，實際上發生的是，細胞分裂之前，DNA長鏈分子會先從中分開，兩股長鏈分別製造出互補的另一股來，待細胞分裂時，完成複製的DNA就被分到兩個新細胞個體中。

　　下面接著的問題是，A、T、C、G四個單元的排列次序，如何決定胺基酸在蛋白質裡面的順序？這正是今天生物學的核心問題。不過我們已有了許多蛛絲馬跡，或是粗淺的片斷知識：細胞內有種叫做微粒體的細小顆粒，我們已知道它是製造蛋白質的場所★。但是這微粒體並不在細胞核內，因此不跟DNA以及DNA攜帶的訊息在一起，這中間得有某種連繫才行。

　　我們還知道有種小的分子片段，叫做RNA（ribonucleic acid，核

★中文版注：根據目前的瞭解，製造蛋白質的場所是核糖體（ribosome）。微粒體是細胞打碎後所產生的顆粒，裡面包含了核糖體。

糖核酸），會在部分 DNA 上合成，然後脫落下來。這跟前面提到的整個 DNA 複製不一樣，而是另一種形式的小段複製品。一段段的 RNA 攜帶著訊息，離開細胞核，來到微粒體所在之處，告訴後者去製造什麼樣子的蛋白質。這些過程細節我們都知道，至今尚不清楚的是，胺基酸究竟如何參加進來，如何按照 RNA 上的密碼，去組合成蛋白質。換句話說，我們還沒有破解這套密碼，所以即使我們知道了 DNA 上的核酸順序，譬如 ATCCA，我們仍舊不知道會製造出甚麼樣的蛋白質來。★

目前的確沒有其他科學領域，能像生物學那樣在很多方面都有飛躍的進展。如果我們要拿出一個最具有威力的假設，能讓人們持續的去研究生命，那就是**世間一切皆由原子構成**，而生物的所有行為都可以用原子永不休止的騷動來加以解釋。

3-4　天文學

這一章的目的是要火速交代這世界一切的事務，現在我得把話題轉到天文學上面。天文學比物理學還古老，事實上，由於人們發現了恆星與行星的運行具有一些有趣的簡單規則，才啓發了物理

★中文版注：因為分子生物學在近幾十年進展快速，這個難題已經解答了：DNA 透過轉錄、轉譯的程序，可使一個個胺基酸累加成蛋白質長鏈。有興趣的讀者，請參閱《看漫畫，學 DNA》一書，天下文化出版。

學。而對這些規則的瞭解，就成了物理學的**起源**。但天文學中有史以來，最了不起的一項發現是**天上的星球，都是由和地球上完全一樣的原子構成的** ◆。這是如何發現的呢？

　　原來各種原子都會發放出一些特殊頻率的光，就像每樣樂器有它固定的音色，能發出一些獨特的音調或聲音頻率來，我們只要用心聽幾個音，便能辨別出各個樂器。但是當我們用眼睛去看混合起來的光時，就沒有辦法把它分辨出來，原因是眼睛在這方面的分辨能力遠不及耳朵。但是如果有光譜儀（spectroscope）的幫助，我們就**能夠**分析出來混合光中各種光波的頻率，也就讓我們能看到個別恆星上，各種原子發放出來的特殊「音調」了。

　　事實上，有兩種化學元素是在地球上尚未發現之前，先在恆星上被人發現的：氦元素最早從太陽光譜中被人發現，所以它的名稱helium源自拉丁文的「太陽」。另一種元素鎝（technetium）則是從某些較冷的恆星上發現的。就是因為恆星上的原子跟地球上的原子沒有兩樣，所以我們在研究恆星方面才有長足進展。如今，我們已經相當瞭解原子，尤其是它們在高溫但密度不大的情況下的行為，因此可以用統計力學來分析恆星上物質的行為。

　　雖然我們無法在地球上複製出相同的條件，但是透過基本物理定律，我們通常都能精確的、或非常接近的預估什麼會發生。這就是物理學知識幫助天文學發展的例子。

　　儘管有些不可思議，但我們對太陽內部物質分布情形的瞭解，遠多於我們對於地球內部的瞭解。從表面上看，你會以為僅從望遠鏡裡看看遠處恆星照射過來的一個小光點，哪能看出什麼名堂來？

◆原注：你們看我講得多麼匆忙呀！上面這短短文字裡面，幾乎每一句話都包含著一大堆學問，就拿「天上的星球，都是由和地球上完全一樣的原子構成的」這句話當作例子，我若是應邀發表演講，通常會挑選像這樣的小題目。詩人老喜歡調侃說，科學奪走了星光之美，因為科學揭開星星的真面目──僅僅是一球一球的原子氣團而已。

其實沒有任何東西可以說是「僅僅」如何如何。我一樣能感覺到沙漠的夜間星光特別美、特別動人。比起詩人來，身為物理學家的我，從星星看到的東西，是多些呢？還是少了一些？真是很難說。穹蒼之廣闊，使我悠然神往，好像一個小孩沈醉在跟著音樂旋轉的木馬背上，仰望著的眼睛，看到的是百萬年前發出來的星光，想想這漫無邊際的大千世界裡，我忝為其中細微的一部分，我身上的物質很可能是早已煙消雲散的遠古星球，在爆炸時噴灑出來的灰燼，就像我們現在看得見、正在爆炸的新星一樣，向外太空噴灑星塵。

或者我們可以改用尺寸稍大一點的眼睛，透過世界上最大的帕洛瑪（Palomar）天文台的二百英寸望遠鏡，來看星星。看到它們正全部急速奔離散開，讓人覺得它們很可能是原先聚集在一起，經過了一場大爆炸後，朝外各奔前程，才形成了如今情況。星球在分布上有何法則？裡面隱藏著什麼意義？這一切**有何目的**？這些至今對我們來說，仍然是引人暇思的一個謎團。不過即使知道一點箇中真相，絕不會有損它原先的神祕色彩，因為真相實在要比過去騷人墨客的想像，更加令人神往！為什麼今天面對事實的詩人，卻都成了啞巴呢？以前把木星描述成人物，講得活靈活現；如今知道了它是一個由甲烷跟氨混合的旋轉巨球後，就悶不吭聲了。這樣子的詩人，豈不是太奇怪了嗎？

實際上我們真的能夠從這個小光點裡，「看」出那顆恆星裡面所發生的許多事情，因為在大半情況下，我們能**計算**出恆星上的原子應該會做些什麼事情。

還有一個最讓人印象深刻的發現，即恆星能量的來源，為什麼它們能不停的燃燒？發現這個問題答案的顯然不只一人，據說其中有位先生，在他終於搞清楚維持恆星發光，必須依靠恆星裡面進行**核反應**的那天晚上，和女友出門散心。女友對他說：「瞧這些閃亮的星星，多麼美麗呀！」他的答覆是：「可不是嗎！不過現在我是這個世界上，唯一知道恆星**為什麼**發光的人。」她可一點也沒有覺得感動，反而笑出聲來。因為花前月下的場合，男生知不知道星星為什麼會發光，對女生來說一點也不重要。知音難尋，然而這個世界不就是如此嗎？

太陽發出的能量，主要是由它上面的氫進行核「燃燒」供應的，氫在這個反應中變成了氦。此外，在恆星的中心還進行著以氫為原料的各式核反應，製造出各種化學元素來。所以構成**我們**身體的所有物質，都一度在炙熱的恆星裡面經過「烹煮」一番才得以形成，然後又被恆星吐了出來。

何以見得呢？這可是有憑有**據**的。各種同位素間的比例，例如 C^{12} 跟 C^{13} 分別有多少，是絕對不會因為**化學**反應而改變的。原因是它們的化學性質簡直無分軒輊，所以它們的比例純然是當初**核**反應的結果。我們身上的物質就是核反應之後的餘燼，所以只要查看冷卻了的餘燼中的各同位素比例，就能知道當初製造出我們身上物質的**火爐**是什麼樣子。

結果我們發現火爐猶如恆星，所以我們身上的物質非常可能是在極古早以前，在恆星裡面形成的，然後隨著恆星爆炸被拋了出來，而爆炸中的恆星，就是我們稱為新星（nova）或超新星（supernova）的星體。總之，天文學與物理學之間關係非常密切，我們以後還會講到許多天文學方面的知識。

3-5　地質學

現在我們把注意力移到所謂的**地球科學**（earth science）或者是**地質學**（geology）上。首先來看氣象學（meteorology）與天氣。

當然，氣象學上使用的**儀器**都是物理學使用的工具。而且就正如前面說過，這些儀器之所以出現，全依賴實驗物理學一路發展下來的成果。然而物理學家卻從來沒能夠研究出來一套讓人滿意的氣象學理論。你會說：「哪會有什麼了不起的學問呀！對象不過是些空氣罷了。我們不是已經知道空氣的運動方程式嗎？」

不錯，事實上我們的確是知道。「那麼如果我們看到了今天的空氣情況，為何不能比照著推測出明天的空氣情況呢？」首先，由於空氣內到處都是旋渦扭來扭去，非常敏感甚至於不穩定，以致於我們並不**真正**知道今天的情況。如果你曾經親眼目睹過，堤壩上游平靜和緩的流水越堤之後變作飛瀑，落將下來時的水花四濺、聲勢嚇人，你就不難領會，我說的不穩定是什麼意思。你知道水在越過排水口之前的狀況，看來再平穩不過，然而一旦開始下落，它在何處開始散成水珠？究竟什麼決定水珠子的大小？它們又是如何分

布？這些都因爲水不穩定，而無人知曉。甚至平緩移動的空氣團在越過一座山時，同樣會變成複雜的旋渦和渦流。

在許許多多不同科學領域裡，我們常遇見這類**亂流**（turbulent flow）問題。而我們至今還是拿它沒轍。氣象問題暫時到此打住，下面我們來談談地質學。

地質學的根本問題是，什麼把地球弄成如今這個樣子？最顯而易見的原因，包括有河水、刮風、下雨等造成的侵蝕作用。這個簡單，大概人人都懂。但是當侵蝕作用一點一滴發生的同時，還有一些具有相似分量、效果卻正好相反，並不那麼明顯的事件也在進行。世界上高山的平均高度，長久以來變化並不大，沒被侵蝕作用消耗掉，所以理應有**造山過程**（mountain forming process）。不錯，地質學裡確實**有**各種造山過程跟火山作用，不過這些仍是無人瞭解的現象，但有一半地質學卻跟它們有關。★

人們到目前爲止，還沒辦法完全搞清楚火山現象究竟是怎麼一回事。同樣不甚清楚的還有地震。我們知道，如果有樣東西推擠別的東西，超過了某個極限，它會突然**斷裂**，然後發生滑動位移的動作。這好像是理所當然，但地震發生時，究竟是什麼在推擠呢？爲的又是什麼？眞相還弄得不十分清楚。理論是說地球內部熔融的物

★ 中文版注：半個世紀來，地質學也有相當大的進展，有興趣瞭解各種地質作用、火山活動與地震成因的讀者，可參閱《觀念地球科學》套書（四冊），天下文化出版。

質，由於裡層、外層的溫度不同，而發生許多局部的循環流動，流動中的岩漿少不了會把地表微微外推，如果有兩個這種循環靠得很近，方向又恰恰相反，物質會堆積在它們相遇的區域，因此造出帶狀的山脈，這些山脈承受到很大的壓力，一旦支持不住，就不免有火山爆發跟地震了。

那麼地球裡面的狀況又是如何呢？我們已經相當瞭解地震波穿透地球的速率，以及地球內部密度分布的情形。但是物理學家還沒能夠找出一個好理論，能夠說明在地球中心的那種高壓之下，物質的密度到底應該是個怎麼樣子。換句話說，我們還沒有什麼把握去推斷在那種情況下，物質應該有怎樣的性質。

事實上，我們對於地球裡面物質狀況的知識，比起對於遙遠恆星內部的知識來，反倒遠為遜色。到目前為止，研究地球內部所牽涉到的數學，似乎稍微難了一點。也許在不久的將來，有人覺悟到這的確是一個重要的問題，而將它解決掉。另一方面，即使我們知道地球內部的密度，我們仍然不能計算出那些循環流動的細節詳情。我們也還沒搞清楚岩石在高壓下的各種性質，包括它多快就會撐不住而崩塌。這些都得靠研究人員老老實實去做實驗，才會得到答案。

3-6　心理學

接下來我們要考慮的是**心理學**（psychology）這門科學。對了，我要順便提一下，精神分析（psychoanalysis）不是一門科學，它大

不了只能算是一種醫療方式，甚至比較像是一種巫術。巫術對疾病的來由，有它一套獨特的理論，其中包括眾多不同的「幽靈」等等。譬如巫醫認為，瘧疾是來自空中的一個惡靈所引起，於是他的治療方法是拿條蛇在病人身上比劃一番，以趕走惡靈，附帶還要病人服下一些奎寧（quinine，又叫金雞納霜）。其實用蛇的那個主要招術治不了瘧疾，倒是附加的奎寧會發生一些效用。所以你要是生活在原始部落裡，一旦生病，我認為最妥善的辦法，還是去看自己族裡的巫醫。因為他是整個部落裡面最懂得生病這檔子事的人。只是巫醫的知識算不上是科學。同樣的，精神分析從未有人用實驗去仔細驗證過，因而無從開出一張清單來，明白告訴我們到底精神分析對多少病例有效，又多少病例無效。

　　心理學的其他部分，諸如各種感覺的生理基礎，譬如眼睛裡面發生了些什麼事情？腦子裡又產生些什麼？大致說來，比精神分析乏味得多。可是人們在這些方面的研究，已經有了一些實質的進展，儘管這些進展還不算大。有一項最吸引人的技術性問題，我們甚至還不是很確定它是否屬於心理學範圍。心靈，或者說神經系統的核心問題是這樣子的：一旦動物學習到某件事，牠就變得能夠做些牠以前不會做的事情，既然腦細胞是由原子構成，牠的腦細胞一定有了某種改變。**這改變究竟是**什麼呢？

　　對於「動物如何記憶」這樣的問題，我們根本不知道到哪兒去找答案，也不知道該找什麼樣子的答案。我們只知道腦子能夠學習，但搞不清楚它的意義，或是神經系統內隨學習而發生的實質變化。這是當前一個仍然沒有答案的極重要問題。不過，如果我們假

設，確實是有種叫做記憶的東西，由於腦子裡面的構造複雜透頂，充斥著連接線路和神經，很可能我們沒有辦法用直截了當的方式去分析記憶到底是怎麼回事。倒是它跟計算機滿相像，後者裡面也是一大堆線路跟某種元件 —— 這就像是突觸（synapse），用來把兩個神經細胞連接起來。

很可惜，我們不能在此花費更多時間講解思考跟計算機之間的關係。當然我們必須得瞭解，探討這個主題對於瞭解普通人類行為之複雜並不太有幫助。人與人之間的差別太大，要搞出一點名堂來，只怕得花費很漫長的時間。看來我們必須從簡單些的研究出發，只要我們能夠研究出**狗**的行為是如何進行，成績就已經相當了不起了。狗比人簡單得多，但目前仍無人知道狗是怎麼一回事。

3-7　它是怎麼來的呢？

為了使得物理學在**理論**上對其他科學有所幫助，而不是只限於替後者發明一些實用的儀器而已，那門科學必須用物理學家的語言來描述問題。如果他們只問：「為什麼青蛙會跳？」物理學家就無從回答。但是要是他們願意告訴物理學家，青蛙是個什麼樣子的動物、有多少分子、這裡有條神經……等等，那就不一樣了。同樣的，如果他們願意讓我們多知道地球或恆星長得究竟是什麼樣子，我們才能替他們找出他們要的答案來。

為了要使得物理學理論能派上用場，我們必須知道原子的位置。為了瞭解化學，我們一定得知道有哪些原子在場，否則我們就

無法進行分析。這當然只是一種限制。

　　在物理學以外的科學範圍內，還有**一類**是物理學本身沒有的問題。由於沒有更恰當的稱呼，我們姑且叫它歷史問題，也就是這節的標題：「它是怎麼來的呢？」如果我們要透徹瞭解生物學，一定希望知道，地球上所有的生物是打從哪兒來的？於是生物學裡有個非常重要的領域，那就是演化論。地質學裡，我們不只是要知道山是如何形成的，我們還想知道，當初整個地球是如何形成、太陽系的起源……等等。而這些問題自然而然引導著我們，去想辦法發掘出一些問題的答案，諸如這個世界是由些什麼樣的物質構成的？恆星如何演變？初始條件又是個什麼樣子？這就是天文學的歷史問題。我們目前已經知道不少關於恆星的形成過程，以及我們身上各種元素的來源，甚至還約莫知道一點宇宙的起源。

　　相對來說，物理學領域內至少到目前，還沒有人做過歷史問題研究，我們壓根兒就沒這樣子的問題：「這些就是物理學定律，它們是哪裡來的呢？」至少在目前，我們尚不認為物理定律會跟隨時間巨輪的轉動而在**變**化，或是它們在過去跟今天會有什麼不同。當然將來有一天情況**可能**會變，而一旦此變化成為事實後，物理學的歷史問題就會與宇宙歷史的其他部分合併，接著物理學家也就跟天文學家、地質學家、生物學家一樣，談論同樣的問題。

　　最後，我們有個物理學問題，普存於許多領域內。這問題非常古老，但一直未獲得解決。它不是要尋找什麼新基本粒子之類的問題，而是一個困惑人們超過了一百年的老問題。它對其他科學非常重要，但是物理學界還沒有人能夠應用數學的方法，把它分析得讓

人滿意，那就是**循環或紊流的流體**。

如果我們觀測某顆恆星的演化，每當我們推算到達一個層次，知道它會開始發生對流的時候，接下來會出現什麼情況，便非目前我們可以預料的了。數百萬年之後，這顆星爆炸了，但我們卻無法搞清楚原因。我們還不能精確預測天氣，也同樣不清楚地球內部的流體應有的運動型態。

這類問題中的最簡單形式，是在一根非常長的管子內，用推擠的方式讓水高速通過。我們所希望知道的是：需要多大的壓力，才能把一定量的水推過那根管子？沒有人能夠利用基本原理以及水的物理性質，把答案分析出來。然而如果水流得非常緩慢，或者所用的流體如蜜一般黏稠，那麼就不會有什麼問題，物理學家可以把它分析得頭頭是道，就像一般物理教科書裡示範的一樣。使得我們束手無策的是，真正的、「濕」的水流過水管的問題。這是我們有朝一日應該解決的一個重要問題，但是目前我們還做不到。

從前有位詩人說過：「整個宇宙都在一杯酒內。」我們可能永遠無法真正瞭解他當時講這句話的含意，因為詩人所寫的東西本來就不見得想要讓讀者看得懂。

但是如果我們觀察一杯酒，觀察得夠仔細的話，我們真的能從它裡面看到我們這個宇宙的全部。它包含著物理學所探討的各種事物：旋轉的液體，不斷隨著杯子外的風向與氣候在改變蒸發速率，杯子裡的各式各樣看得見的倒影，以及我們憑想像加上的原子，可說是一杯之內，包羅萬象。而杯子本身，是從地球岩石中精製出來，我們藉由岩石的成分，揭開了宇宙年齡和恆星演化的祕密。此

外，酒裡面爲何會有一大批奇怪的化合物？它們都是打哪兒來的？
其中有個別化學反應的酵素，也就是酶，有參與反應的原料，也有
反應得到的成品。我們從酒裡面，看到了一項了不起的通則，那就
是一切生命都是發酵作用，任何發現了酒的化學的人，也一定會和
巴斯德（Louis Pasteur, 1822-1895）一樣，發現很多疾病的原因。在
觀察它的人仔細用心下，這杯紅葡萄酒給人的印象是多麼鮮活深刻
呀！

　　我們爲了方便起見，在心目中把這杯酒，也就是這個宇宙，劃
分開來，成爲許多學門，諸如物理學、生物學、地質學、天文學、
心理學……等等。不過得牢記心中，大自然可不知道有這個分法！
所以讓我們再度把它們還原成一體，且不要忘記當初爲什麼要把它
們分開。

　　最後讓我們高高興興的舉杯，飲完杯中美酒，把一切都忘了
吧！

第4堂課

能量守恆

直到今日，

我們還不知道能量究竟是什麼東西。

不過我們有一些公式可以拿來計算出一些量，

如果將這些量加起來……

無論我們什麼時候去計算，

都會得到同一個數字！

4-1　能量是什麼？

　　從本章開始，我們要分別就物理學裡的各個面向，做一系列較為詳盡的探討。

　　為了示範理論物理學中的觀念與推理方式，我們現在就來探討最基本的物理定律之一，即所謂**能量守恆**（conservation of energy）。

　　有一件事實掌控著我們所知的所有自然現象，你喜歡的話也可以把這事實稱為**定律**。這個定律沒有任何例外，就我們所知，它是完全精確的。這個定律就叫做**能量守恆**。它告訴我們：這世界上有某種量，我們稱它為能量。當自然進行著各式各樣的變化之時，這個量仍然會保持不**變**。

　　這是非常抽象的觀念，因為它是個數學原理，它是在說，不管事情如何變化，有一個數量並不會隨著改變。這個定律並不是在描述一種機制，或是任何具體的東西。它只是一件奇怪的事實，在自然界發生變化的前後，我們可以計算出一個數值，它總是維持一定。（這正好有些像我們提過的西洋棋裡，走在紅色方塊上的主教，不論它曾經走過幾步、前後左右怎麼個走法，到頭來我們看到它總會停在紅色方塊上。就「停在紅色方塊上」這一點上，它是不變的。）也正因為能量守恆太過抽象，我們在此只好再借用一個比喻，希望能把它解說得清楚一些。

　　讓我們想像有個小孩子。對了，我們不妨就拿那個家喻戶曉的卡通人物「淘氣阿丹」當咱們的想像對象吧！且說淘氣阿丹擁有一

些積木，質料非常牢固，完全不會被阿丹敲成好幾塊，而且每塊積木全長得一個樣子。其次再讓我們任意加上一個假設，說他一共有28塊這樣的積木。

每天從一大清早，他的媽媽就把淘氣阿丹和他的28塊積木放在一間屋子裡，讓他自個兒玩耍，度過一整天。到了晚間，他的媽媽總不免因為好奇，去數一數積木的數目。在數了許多遍之後，她終於覺察到一個了不起的定律，那就是不論阿丹在白天裡怎麼樣個玩法，等到了晚上，都會有28塊積木，不多不少的留在屋子裡！

不過經過了許多天以後，有一次她發現散在地板上的只有27塊。但是稍加找尋之後，她很快就從地毯底下，找出來那第28塊積木。以後每逢發生積木短缺的時候，這位太太從經驗裡學到，只要翻遍屋子裡的各個角落，總能把那些少了的積木一一都給找出來。

一直要到某一天，地板上積木只有26塊，她照例翻遍了屋子裡面各個角落，卻仍然不見另外兩塊積木的蹤影。經過再三仔細觀察之後，她發現到有扇窗子開著，而在窗戶外面的草地上，躺著2塊積木。而另外又有一天，她居然發現積木的總數變成了30塊！這下子可真了不得，這是從來未曾發生過的事情，造成她心裡一場不小的震撼。直到她突然記了起來，當天有位小朋友布魯斯曾經來過，並且帶來了他自己的積木，在淘氣阿丹的房間裡玩了一陣子。顯然布魯斯回家的時候，忘記清點他的積木，以致於留下了2塊，混在阿丹的積木堆裡。

經過這個事件之後，淘氣阿丹的媽媽把多出來的積木退還給布

魯斯，又把阿丹的房間窗戶關好，而且不讓布魯斯隨便跑來跟阿丹
玩，於是積木數目不再出現差錯。直到又有那麼一天，她照例去數
了數屋子裡淘氣阿丹的積木，發現這回只有25塊。她四處張望，
一眼就看到屋子裡多出來一個玩具盒，不過當她走了過去，準備打
開盒子，看看少掉的3塊積木是否就在裡面的時候，不料讓淘氣阿
丹瞧見，當即衝著媽媽大吼大叫起來，說：「不行！不許打開我的
玩具盒！」這下子當媽媽的便不好逕行去打開盒子，確定短缺的積
木是否給淘氣阿丹藏在裡面了。

　　這樣一折騰，卻更加重了媽媽的好奇心。這位太太不愧是淘氣
阿丹的媽，頭腦也是一級靈敏，馬上想出一個點子來！她表面上不
動聲色，先搞清楚每塊積木的重量原來是3盎司，然後在她下回能
夠看得見所有28塊積木的時候，她把玩具盒拿來秤了一下，記下
它的重量是16盎司。以後遇到積木短缺、而有需要察看玩具盒
時，她因為有了上述資料，就不用再去打開盒子，只要把盒子拿來
再秤一下，然後把秤得的重量，減去16盎司盒子重，再除以3盎
司，就知道裡面有幾塊積木了。下面是她發現的等式：

$$（玩具盒外的積木數）+ \frac{盒子-16盎司}{3盎司} = 定值 \qquad (4.1)$$

過了一陣子之後，顯然淘氣阿丹又節外生枝，使情況變得更為複
雜。但是他的媽媽沈著應付、小心研究之後，看出來是澡盆裡面髒
水的水位有了些變化，原來的確是淘氣阿丹把積木扔進澡盆裡面。
由於水太混濁，媽媽看不清楚水裡面的情況。但是她把前面那條等

式另外加上一項，就能計算出來髒水裡究竟藏了幾塊積木。由於她發現澡盆裡面原來的水深是 6 英寸，而每塊丟進去的積木會使得水深增高 $\frac{1}{4}$ 英寸，於是這條等式就變成：

$$
(玩具盒外的積木數) + \frac{盒子 - 16 盎司}{3 盎司}
$$
$$
+ \frac{水深 - 6 英寸}{1/4 英寸} = 定值
\tag{4.2}
$$

當淘氣阿丹的媽媽著實不容易，她好不容易想出一個解決辦法後，阿丹遲早又會耍出另一個花招，去藏他的積木。於是她又得研究一陣子，設法把等式後面再添上一個適當項目，才能計算出所有淘氣阿丹不願意讓她看到的積木。隨著愈來愈多的考量，最後她會得到一個非常長、非常複雜的等式。不過用這個等式**算出來**的數字總和，在她說來，永遠等於一個定值 28，不曾變過。

　　我說了這半天的這個比喻，跟能量守恆有什麼關係？這兩件事情之最大不同，就是能量守恆裡面**沒有積木這回事**。所以在 (4.1) 式跟 (4.2) 式裡面，我們得拿掉第一項，剩下來的計算項目，或多或少都是些抽象的東西。

　　我這個比喻說明了兩件事：其一是我們在算計能量時，由於能量有時會離開或進入我們所考量的系統，既然我們要證明的是一個系統內能量守恆不變，就得格外小心防止系統外的能量混了進來，或系統內的部分能量被提走。其二是能量有許多**不同的形態**，而每一種形態各有其計算公式。我們有：重力能（gravitational energy）、動能（kinetic energy）、熱能、彈性能（elastic energy）、電能、化學

能、輻射能（radiant energy）、核能、質量能（mass energy）等等。如果我們在任何一個時刻，把系統內的以上所列各個能量，先用它們各自專用的公式分別計算出來，然後全部加起來得到一個總和。只要沒有任何能量出入這個系統，這個總和就永遠維持不變。

我必須在此強調，直到今日，我們還不知道能量究竟**是**什麼東西。我們不能夠說，能量是由一些定量的小單位集合而成。不過我們有一些公式可以拿來計算出一些量，如果將這些量加起來，就會得到「28」這個數字。無論我們什麼時候去計算，都會得到同一個數字！一切都相當抽象，因為能量守恆律並沒有告訴我們，這些公式背後的機制或是**理由**。

4-2　重力位能

只有在我們把所有不同能量形態的計算公式都找出來之後，能量守恆才有意義。我現在要來討論地表附近，重力能的公式。而我要把這個計算公式，用一個別人尚未用過的方式推演出來。這個方式是我為這一章特別發明的一套推理，我要藉由它證明給你看，自然界中有許多事情，都能根據少數幾樣事實加上一些推敲，就能讓真相大白。這也可用來說明理論物理學家都在做些什麼工作。

我這套推理其實是模仿來的，它模仿的對象是卡諾（Sadi Carnot, 1796-1832）先生關於蒸汽機效率極為精彩的推論。★

現在讓我們考量一下各種舉重的機器，其中有個共同特性，那就是必須藉由降低某個重物來達到舉起另一個重物的目的。同時讓

我們先假設，這些舉重機器都**不會有所謂「永恆運動」**（perpetual motion）**存在**。事實上，永恆運動根本不存在，正是能量守恆律的一個廣義陳述。

在對永恆運動下定義時，我們必須非常小心。首先，讓我們以舉重機器為例。假設我們反覆操作舉重機來提升許多重物，以及降低另一些重物，並且在最後讓舉重機回復到最開始時的樣子。如果在這番折騰之後，實得或淨成果（net result）是**舉起了一個重物**，那麼我們便有了一部永動機（perpetual motion machine），因為我們可以利用那個被舉起了的重物來做其他事情。也就是說，**如果**這部機器運作一番之後，除了自己完全還原**到原來的狀況**之外，還舉起了一個重物，而且在全部過程中，它完全是不假外求，**完全自足**，也就是說它就是沒有從系統外面獲取得任何能量，如同小布魯斯沒有夾帶積木進來。

在圖4-1中，我們看到一部非常簡單的舉重機器。這部機器的目的，是用它來舉起3倍重的重物。我們把一個3單位的重物擺在機器的一個平衡盤子裡，另外把1單位重物擺在另一個盤子裡，如圖所示。為了要讓它能夠起動，達成舉起左手邊重物的目的，我們必須把左手盤子裡的重量，稍稍去掉一些才行。反過來看，我們也

★原注：我這麼做的目的，並非是想要得到一個有如下文(4.3)式的結果，由於這結果毫不足奇，我想你們很可能早已知曉。此處的重點是，我要示範用理論推演，一樣可以得到這個結果。

圖4-1　簡單的舉重機器

可以用同一部機器來舉起右手盤子裡的 1 單位重物，方式是讓左手盤子裡的 3 單位重物降低高度，只是這回我們動點手腳的對象，換成是右手邊的盤子。

　　當然我們瞭解，現實中要讓機器**實際**舉重，必須先額外推一把，為的是要讓它啓動，這點我們先**暫時**不去管它。理想機器之所以在現實中不可能存在，就在它們理論上完全不需要那一丁點使它起動的額外工作。我們在現實世界中所用的機器，都只能說是**幾乎**可逆的（reversible）。那也就是說，如果它能夠藉由降低 1 單位重物的高度，來舉起 3 單位重物的話，那麼它也能夠藉由降低 3 單位重物的高度，來舉起一個幾乎等於 1 單位的重物。

　　現在我們想像有兩種不同的機器：一種是**不**可逆的，它包括了所有現實世界中的機器；另一種是**可**逆的，當然這一種是根本無法取得的東西，不論我們如何小心翼翼去設計機器中所用的軸承、槓桿等等。不過我們還是假設有這麼一種可逆的機器，它能把一個重量為 1 單位（磅或其他任何重量單位）的重物，降低 1 單位的距離，而同時舉起另一個重量為 3 單位的重物。我們把這部機器叫做

機器 A，它可以把那個重 3 單位的重物舉起一段距離 X。

　　然後，我們又假設另一部機器 B，它倒不必是可逆的，它照樣藉由把一個重 1 單位的重物，降低 1 單位的距離，來把一個重 3 單位的重物，舉起一段距離 Y。我們現在能夠證明 Y 絕不會比 X 高。換句話說，我們永不可能製造出一部機器來，能夠比一部想像中的可逆機器，把同樣的重物舉得**更**高。

　　這究竟是為什麼呢？假如 Y 居然可以比 X 高。這麼一來，我們就能夠拿一個 1 單位的重物，放在機器 B 上，讓它降低 1 單位的高度，從而把一個重 3 單位的重物，舉起 Y 距離。然後逆轉方向，先把這個重物的高度從 Y 降低到 X，於是可以得到**一些免費的動力**。接著利用可逆機器 A，將重物從 X 高度降回到零點，同時把另一端的那個 1 單位重物，舉起 1 單位距離。如此正好把兩個重物都回復到原先的高度，而且兩部機器也都回復到原先的情況，可以再次使用。

　　簡而言之，只要 Y 能夠比 X 高，這兩部機器就能永遠繼續運作。可是我們最初就假定過不可能有永恆運動。所以我們就推演出**Y 不會比 X 高**的結果，因此在可能的設計範圍內，不會有比可逆機器更好的機器出現。

　　我們也同樣可以看出來，所有不同的可逆機器，都必須把一定的重物舉起到**完全一樣的高度**。假定機器 B 也是可逆的，Y 不比 X 高的論證當然也依舊成立。而且我們還可以把兩部機器的次序掉換過來，用同樣的理由證明 **X 也不比 Y 高**。這的確是一個非常了不起的結果，因為它讓我們能夠在**不必瞭解機器內部機制**的情況下，就

可以分析不同的機器能將某樣東西舉高多少。我們由此也即刻知道，如果有人製造出來一套結構非常細緻又複雜的槓桿組合，也是藉由把 1 單位重量降低 1 單位距離，來舉起一個重 3 單位的重物。而我們拿一個可做同樣事情、基本性質上是可逆的、結構卻極其簡單的單一槓桿，來跟那位先生的複雜機器做比較，他的機器絕對不會把同一重物舉得更高，反而可能舉得低些。如果他的機器也是可逆的，我們就可準確知道它究竟能舉到**多高**了。

　　總之，每一個可逆的機器，不論它如何運作，只要它把 1 單位重量降低了 1 單位距離，它就會把 3 單位的重量舉起同樣的高度 X。這顯然是個非常管用的普適定律。當然，我們接下來的問題是，X 究竟是多少？

　　假設我們有部三兌一的可逆機器，正要把重物舉高 X 距離。就如同次頁圖 4-2 中所示，我們拿出三個同樣的球來，分別配置到機器右側的一個固定的多層格架子上，架子的每層高度正好都等於 X。另外再拿一個球，放在機器左側一個離地 1 英尺高的平台上。這部機器能把三個球舉高 X，同時把一個球下落 1 英尺。我們的設計是，機器上裝三個球的一端，是個三層棚架，每層高度也等於 X。

　　一開始如圖中 (a) 所示，四個球都還都分別停留在固定的架子跟平台上。首先我們將球從固定的格架水平移至棚架上，見圖 (b)，由於都是水平移動，高度沒有改變，我們可假設這個步驟不用消耗任何能量。然後我們開動這部可逆機器，讓它運作。它一邊把那個單一的球降落到地面上，另一邊則把裝著三個球的架子舉高了

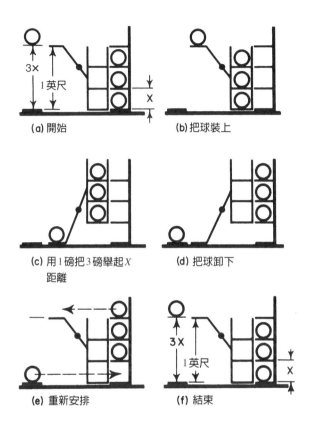

(a) 開始

(b) 把球裝上

(c) 用 1 磅把 3 磅舉起 X
　 距離

(d) 把球卸下

(e) 重新安排

(f) 結束

圖4-2 一部可逆機器

X，見圖 (c)。現在由於我們的巧妙設計，這機器上的三層球架又跟地上固定架子的隔層，再度一一對齊。於是我們把球一一滾出機器，放回固定架子上，見圖 (d)。在完成卸貨之後，我們可以讓機器恢復原狀，見圖 (e)。

　　現在的情形是，表面上確實是有三個球各自上升了一層。但奇怪的是，我們如果從另一個角度來考量的話，它並沒有舉起其中的**兩個球**，因為在架子的第二和第三層上，原本就各有一個球在那兒。所以實際上的結果，可看成是把最底下的那個球舉到了第四層，或等於只把**一個球**舉高了 3X。如果 3X 比 1 英尺高，我們就能很輕易把這個舉得過高的球降低到 1 英尺的高度，並平移放回到原先左邊那個 1 英尺高的固定平台上，見圖 (f)。

　　這麼一來，一切不就跟開始時完全一樣了嗎？我們就可以再操作這個機器。所以我們可以肯定，3X 絕不會比 1 英尺高，因為如果 3X 真比 1 英尺高，我們就可以製造出永恆運動，而這是不可能的。又這部機器既然是可逆機器，我們理應能夠把這部機器的運作程序完全顛倒過來，那麼我們同樣也能證明，**1 英尺不會比** 3X **高**。所以說 3X **既不比 1 英尺高，又不比 1 英尺低**。

　　論證到此，我們就發現了 $X = \frac{1}{3}$ 英尺這條定律。我們可以把它推廣成為：在一部可逆機器的運作中，若把 1 磅重物降低到了某一定距離時，則該機器即能把 p 磅舉起到那個距離的 1/p。另一個說法是，3 磅乘上被舉起的高度（即我們問題中的 X），應該恆等於 1 磅乘上它被機器降低了的距離（在我們問題中，它等於 1 英尺）。

　　如果我們一開始就把所有的重量各自乘上它當時離地的高度，相加算出總和，然後啟動機器，等一切操作完畢後，我們再把所有的重量又再分別乘上它在這時候各自離地的高度，同樣算出總和。我們會發現，前後的總和**完全不會改變**。（我們必須將前面的例子推廣，從藉著降低一個重物，一次只舉起另一個重物的簡單情況，

到一次舉起不只一個重物的複雜情況，不過這個難不倒任何人。）

　　我們把重量與高度的乘積叫做**重力位能**（gravitational potential energy），就是物體因為與地球在空間上的相對位置，而具有的能量。只要我們不要離開地球太遠（由於地球的引力會隨高度增加而遞減），重力能的計算公式是：

$$(物體的重力位能) = (重量) \times (高度) \tag{4.3}$$

以上是一套非常漂亮的邏輯推理，但它還是有可能與事實不符。（畢竟自然現象毫無義務遵照我們的推理走。）譬如說，也許永恆運動其實是可能的。我們所用的某些假設可能是錯的，或者是我們在推理過程中間犯下了某種錯誤。所以我們永遠必須以實驗來檢驗。而上面的結果，**事實上確實經過實驗證明無誤**。

　　凡是跟其他物品相對位置有關的能量，都通稱為**位能**。當然，在上述的例子裡，我們叫它做**重力位能**。如果我們做功的對象不是重力而是電力，也就是如果我們用槓桿把一些電荷跟其他電荷分開的話，那麼所涉及的能量就叫做**電位能**。於是我們又多一個廣義的原理，說能量變化就是所涉及的力乘以該力所推過的距離：

$$能量變化 = 力 \times 力所推過的距離 \tag{4.4}$$

我們在以後的課程裡，會講到許多其他種類的能量。

　　在許多情況下，能量守恆原理對推測什麼事情將會發生，非常管用。我們在高中物理課裡，學過許多有關滑輪與槓桿的「定律」，各適用在不同的情況下。現在我們可以瞭解，這些「定律」

講的實際上是**同一件事情**，我們根本不必等到把75條規則全背下
來之後，才把事實搞明白。

　　這兒有個平滑的斜面例子，剛好是個邊長各為3、4、5的三角
形（圖4-3）。我們用一根細繩子拉住一個躺在斜面上的1磅重量，
並繞過裝在斜面頂端的一個滑輪，而繩子的另一頭則懸吊著一個砝
碼 W。我們想知道 W 必須是多重，才能跟斜面上的1磅重量達成平
衡？我們如何才能計算出來呢？

　　如果我們說的是「剛好平衡」，則它是指一個重量跟砝碼都可
以上下移動的可逆情況，我們就可以做以下的考量：一開始如同情
況 (a)，那1磅重量是位於斜面的最低點，而砝碼 W 則懸掛在最高
處。當 W 以一種可逆的方式滑落下來之後，那1磅重量被拉了5英
尺，達到斜面的最高點，而 W 掉落下來的距離，也是跟斜面長度相
同的5英尺，見圖 (b)。其中的重要關鍵是我們只把1磅重量**舉高**了
3英尺，而讓 W 下降了5英尺，因而 W 等於1磅的3/5。

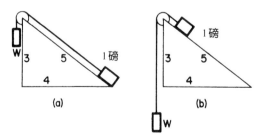

圖4-3　斜面

　　注意，此處我們是根據**能量守恆**而推出這個結果，並非用力的分量計算出來的。這方法很妙，但是還有一個更精采的推理辦法，同樣可以求出答案來。它是由史提維納斯（Simon Stevinus, 1548-1620）發現的，後來還刻在他的墓碑上。圖4-4明白告訴我們，W一定得是 $\frac{3}{5}$ 磅，因為圖中的那根鍊條，不會自個兒前進或後退。我們很容易可以看出來，鍊條懸空的下襬部分，會自動處於平衡狀態。所以右邊斜面上半躺著的5個珠珠或輪子的拉力，一定得與另一邊吊著的3個同樣珠珠或輪子的拉力相同。你瞧！我們只需要看這張圖一眼，就馬上知道W等於 $\frac{3}{5}$ 磅。（如果將來你的墓碑上，也給人刻上一個類似的墓誌銘，那你這輩子沒有白活啦！）

　　現在讓我們用一個比較複雜的問題，來藉圖說明能量原理。那就是圖4-5裡面的螺旋千斤頂。其用來旋轉螺旋的是一根長度為20

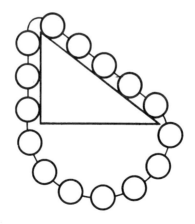

圖4-4　史提維納斯的墓碑圖誌

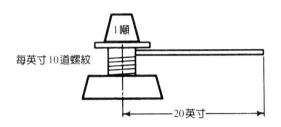

圖4-5　螺旋千斤頂

英寸的把柄，螺旋的疏密度剛好是每英寸10道螺紋。我們想要知道，如果用它來舉起1噸（合2,000磅）的重量，在把柄最外端上需要施加多少力。假設我們要把這個一噸重的東西舉高1英寸，那麼我們必須得把那把柄推著轉10圈，才能夠使得螺旋上升1英寸，而每圈下來，把柄頭大約得移動126英寸（20英寸 × 2π）的距離，10圈就是1,260英寸。

　　這跟我們用的工具是什麼，其實沒啥關係，全都可以換成用一組滑輪來做比照，就是滑輪一端把1噸吊起1英寸，而另一端的未知重物 W 得下滑1,260英寸。根據能量守恆，我們很容易就可以計算出，W 差不多等於1.6磅（2,000磅 × 1英寸 ÷ 1260英寸）。

　　現在我們再舉一個更複雜的例子，詳細情形請看圖4-6。圖中有根長8英尺的棍子，棍子的一頭有東西支撐著。棍子中央載有一個60磅的重物，而離支點2英尺的地方又再放著一個100磅的重物。那麼若不計算棍子本身的重量，我們得費多大的勁，才能把棍子的另一端給抬起來，保持棍子平衡？或者假如我們用根繩子，跨

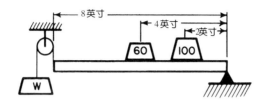

<u>圖4-6</u>　一端有支撐、壓有重物的棍子

過一個定滑輪，一端拉住棍子沒有支撐的那頭，另一端則懸掛一個重物 *W*。則 *W* 應該是多重，才能讓整個系統平衡？

　　設想那個 *W* 下滑了某一段距離。為了算起來簡單，我們就假定它是4英寸。那麼那兩個重物，分別被舉起了多高呢？既然棍子頭上升了4英寸，棍子中央應該跟著上升了2英寸，而四分之一處就只上升了1英寸了。根據高度與重量乘積的總和不會改變的道理，於是我們知道，*W* 乘以往下降的4英寸，加上60磅乘以往上升的2英寸，再加上100磅乘以往上升的1英寸，總和應該等於零：

$$(-4) \times W + 2 \times 60 + 1 \times 100 = 0, \quad W = 55 \text{ 磅} \qquad (4.5)$$

也就是說，我們必須有一個55磅重的東西掛在繩子上，才能平衡那根棍子。用這樣子的辦法，我們能夠推演出許多「平衡」的定律來，譬如複雜的橋樑結構上的靜力學等等。由於用這個方式解題，我們必須**想像**涉及的結構移動了一些些，即使這結構從未**真的**移動過或甚至不可能**移動**，所以這方法叫**虛功原理**（principle of virtual work）。我們利用這少許的想像中的移動，以應用能量守恆原理來解題！

4-3　動能

　　為了說明另一種能量形態，讓我們考慮一下擺（圖4-7）。如果我們把懸掛在繩子底端的那個物體（擺錘）拉到一旁，然後放手，它就會開始來回搖擺。在它的搖擺動作裡，每次從來回兩個最遠的端點朝中央盪過去時，它高度降低了，所以會喪失一些位能。那麼那些少掉的位能，究竟跑到哪裡去了？

　　當物體到達中央最低點時，它的重力位能也就到達了最低點。不過它一旦盪過了中央那點後，又會再度向上爬升，於是重力位能又逐漸再現。所以位能一定轉變成另一種能量型態。顯然物體之所以能夠再爬升起來是由於它的**運動**，因此當擺錘擺動到達中央那點

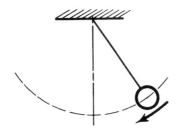

圖4-7　擺

時，它原有的位能必定轉變成另外的形態。

　　那麼我們必須找出一個運動能量的公式。首先讓我們回憶一下剛才針對可逆性機器所做過的討論，我們很容易理解，擺錘在最低點的運動必然帶有一種能量，它能讓擺錘上升至某個高度，而且它跟擺錘依靠何種**機械作用**，以及經過哪些**路徑**才能到達那個高度毫無關係。所以我們有個等式，它會類似於先前我們在討論淘氣阿丹的積木時所用的等式。我們有另一種代表能量的形式。

　　這樣說來就很簡單了，於是擺錘在最低點的動能，應該就等於擺錘的重量乘以它能上升的高度：動能 = $W \times H$。而這高度又取決於它的速度，於是下一步我們得找出來，這速度跟高度之間有啥關係。從我們經驗裡得知，如果把某樣東西以某個速度垂直向上丟出去，它只會上升到一定的高度。雖然現在還不知道它究竟會到達多高，但是我們知道它跟速度有關，兩者之間應該有個公式可以互相換算。

　　為了找出一個以速度 V 運動的物體所具有的動能，我們必須先算出它可以到達的高度，然後把該高度乘上這物體的重量就成了。我們不久就會發現能這麼寫：

$$動能 = \frac{WV^2}{2g} \qquad (4.6)$$

當然運動本身具有能量這回事，跟我們身處於一個重力場中沒有什麼關係。動能公式不會因運動的**來源**不同而有差異，這應該是一條對各種不同速度都通用的計算公式。不過(4.3)式和(4.6)式都只是近似公式，前一條是因為高度一旦過大之後，重力就會明顯減弱，使

得公式不再正確。第二條則是在極高速率時，必須要做相對論性的
修正。不過無論如何，只要我們一旦找到了確切的能量公式，能量
守恆律就必然跟著成立。

4-4　其他形態的能量

　　下面我們要再繼續描述一些以其他形態存在的能量。第一個我
們要考量的是彈性能。如果我們要把一根頂端固定的彈簧往下拉長
一些，就必須做些功。因為當它被拉下之後，可以把一些重物拉上
去。因此我們知道彈簧在伸展開的狀況下，有做功的可能性。如果
我們只是計算重量與高度的乘積和，則能量守恆不會成立，我們必
須加上其他的能量來代表彈簧處於拉緊情況這件事。

　　彈性能公式是用來計算伸長了的彈簧所具有的能量。如果我們
把手放開，隨著彈簧端點通過它的平衡點，彈簧的彈性能會轉變成
為動能。然後一切繼續往復於壓縮或伸長狀態，以及運動的動能之
間。（在上面敘述的情形中，還不免參雜著一些重力位能，不時進
進出出。不過如果我們願意的話，可以讓彈簧躺下來，去做同樣的
實驗，就可以把重力的影響去掉。）於是彈簧會繼續往復伸展、收
縮，直到繼續不下去了，才會停下來。

　　唉呀！這話是什麼意思？其實我們一直沒說老實話！譬如說，
不時加上些小重量，為的是要讓東西動起來或保持運動，或者說什
麼機器是可逆的，或說它會永遠運轉。但是我們瞭解事物都會有停
止的時候。那麼當彈簧終於停止，不再上下動盪之後，那些原有的

能量跑到哪裡去了？這一問可問出了能量的**另一個**形態 —— **熱能**（heat energy）來。

在彈簧或槓桿裡面有許多晶體，而晶體是由無數個原子組合而成的。它們經過非常仔細的設計與安排之後，可以變得特別堅實平滑，使得它們在其他東西上碾過的時候，裡面的原子仍能夠保持原狀。不過要達到那樣的境界非常不容易，必須經過非常非常小心的處理才行。而一般東西在平常情況下滾動時，由於材質有不規則部分，所以會有擠壓、顛簸跟搖晃，使得裡面的原子開始晃動起來。

這種藏匿在物質內部的能量，由於從外表看不見動作，很難以像一般動能那樣掌握。等看得見的動作慢了下來之後，我們發現裡面的原子會隨機亂動。那是某種動能沒錯，但是看不見，你說糟糕不糟糕！

我們如何**知道**它仍然有某種動能存在呢？幸好溫度計能告訴我們這個問題的答案。事實上在動作停止後，彈簧也好，槓桿也罷，溫度都會變得**高**一些，動能的確有些增加，我們把這種形態的能量叫做**熱能**。不過我們知道，它其實不是能量的一種新形態，而只是物質內部運動的動能。

（所有我們做過的大尺度物質實驗，都避不開一項難題，那就是無人能真正100%展示出能量守恆，並製造出可逆的機器來。原因是每回我們動用大件東西時，都不免或多或少會攪動到其中一些原子，因而帶給它裡面的原子系統某些隨機運動。我們看不見這些運動，但是用溫度計可以量得出來。）

除此之外，能量還有許多其他形態，但目前我們暫時無法詳細

談論。它們包括了跟電荷的吸引與排斥有關的電能；還有輻射能，亦即光能，我們知道光能是電能的一種形態，因為光可以用電磁場的振盪來代表。另外也有化學反應中釋放出來的化學能，實際上，彈性能跟化學能有相當程度的相似處，因為化學能是源自物質中原子之間的相互吸引力，而彈性能亦然。現代的理解是：化學能可分成兩部分，其一是動能，來自原子內電子的運動，其二是電能，是電子與質子之間交互作用產生的。

下一個我要提的是核能，它跟原子核裡面粒子的配置有關。我們已有一些核能的公式，但是還不瞭解這方面的基本定律。我們只知道它既非電力，亦不是重力，也不完全是化學能，但是我們不知道它是什麼東西，只能說它看起來像是另一種能量而已。

最後，由於相對論的關係，有關動能的一些定律有了修正，使得動能跟另外一種叫**質量能**的東西結合到了一塊。這個較新的說法是，凡是物體，只要**存在**就有能量。如果我們前面有一個正子跟一個電子，先別管它們之間有重力或其他什麼的，假定它們靜止不動的話，還能相安無事。然而一讓它們走到一塊，它們就消失了，同時放出一定量的輻射能。我們只需要知道物體的質量就可以算出這輻射能的大小，計算結果和物體到底是什麼沒有關係——我們讓兩件物體消失，而得到一些能量。愛因斯坦是第一個發現這個能量公式的人，它就是 $E = mc^2$。

從我們以上的討論中，很明顯可以看得出來，能量守恆律在做分析時非常非常有用。像在前面舉出的幾個例子裡，我們根本不用知道所有的公式長得是個什麼樣子，就可以得出一些結果。如果我

們有了各個種類的能量公式，就不須再去追究細節，而能單憑能量守恆律去分析許多過程是如何進行的。因此凡是守恆律都有如寶藏，值得玩味。

有人自然會問，物理學範疇內，除了能量守恆律外，還有什麼其他守恆律？和能量守恆律類似的守恆律有兩個，其中之一叫**線性動量守恆律**（conservation of linear momentum），另外一個叫做**角動量守恆律**（conservation of angular momentum）。我們以後將更仔細的討論這兩條定律。

其實我們終究尚未深刻的瞭解守恆律。我們不知道能量守恆律究竟代表什麼意義。我們不瞭解為什麼能量可以是一定數量的小塊（blob）。你大概曾經聽說過：光子是以一小團、一小團的方式發射出來的，以及光子的能量等於普朗克常數（Planck's constant）乘上它的頻率。那些的確都是千真萬確的事實，但是由於光的頻率可以是任何數值，所以沒有定律說能量必須是某些一定的量。它和淘氣阿丹的積木不一樣，能量的大小並沒有限制——起碼我們目前的理解是這樣的。因此我們目前還無法將能量當成某種東西的計數來理解，而只能把它當成是一種數學量而已，這是一種抽象又相當奇特的情況。

在量子力學裡面，我們發現能量守恆現象跟自然世界的另一個重要的特殊性質息息相關，那就是**事物跟絕對時間沒有關係**。我們可以在一個特定時間內，著手進行一項實驗，事後經過了一段時間之後，我們再重做同樣的實驗。實驗所表現的一切，前後兩次會完全一樣。事情絕對是這樣子的嗎？我們還不知道。如果我們先假定

它**是**真的，然後加上量子力學的原理，就能推導出能量守恆的原理來。這個辦法相當微妙、非常有趣，但也很不容易解釋清楚。

其他守恆律也都以大同小異的方式，與其他自然現象連貫在一起。在量子力學中，和動量守恆相關的假設是無論你在**什麼地方**做實驗，結果總是一樣的。因此動量守恆是和空間平移不**變**性有關，而能量守恆是和時間平移不**變**性有關。最後，如果我們在兩次同樣實驗之間，**轉動**了實驗儀器，而發現並不會造成差異的話，那麼這個世界對於角取向（angular orientation）的改變具有不變性，這就跟**角動量**守恆拉上了關係。

除了以上這三個守恆律之外，物理學裡面還另有三個守恆律。到目前為止，這三個守恆律還沒有出過問題，而且這三個守恆律比較容易瞭解，因為它們在本質上和計數積木是類似的。

這三個守恆律中的頭一個是**電荷守恆**。它只是說，你計數出獨立系統內一共有多少個正電荷，減去系統內負電荷的數目，所得到的數永遠不會變更。你可以拿一個負的去抵消掉一個正的，但是你不能單獨創造任何正的或負的出來。

其他的兩個守恆律都跟這個相似。其中之一叫做**重子守恆**（conservation of baryons），稱為重子的粒子包括一些奇異粒子，以及質子與中子等。自然界中發生的任何反應變化，如果開始時我們算一下有多少個重子* 參與，反應結束時，這個數字一定會維持原樣。

再者就是**輕子守恆**（conservation of leptons），稱為輕子的粒子包括電子、緲子、微中子等等。輕子家族中還有個反電子，也就是所

謂的正子，它得算是−1個輕子。若是我們計算一個反應前後所有輕子的數目總和，它同樣也會維持不變，至少到目前為止，我們所知道的就是如此。

總而言之，我們一共有六個守恆律。其中三個很微妙、很有意思，牽涉到空間或時間。另外三個則非常簡單，性質上不過是數數一些東西而已。

在能量守恆方面，我們應該特別注意，**可用**能量是另外一檔子事。譬如說，海水的原子之間，由於海水具有相當的溫度，裡面就有許多方向不定、參差不齊的運動。但是我們若不從別處去取得能量來幫忙，就不可能把那些各自獨立、分散的運動聚集成為明確的一致行動。也就是說，雖然我們知道事實上能量是守恆的，但是可為人利用的能量卻不很容易保存。規範有多少能量可資利用的定律，叫做**熱力學定律**（laws of thermodynamics），而且對於不可逆的熱力學過程而言，這些定律還牽涉到一個叫熵（entropy）的觀念。

最後讓我們談一談，我們從哪兒能夠得到能量的問題。日常的能源來自太陽、雨水、煤、鈾、氫氣。不過陽光造就了雨水，也造就了煤，所以歸根究柢，這一切都來自太陽。雖然能量是守恆不滅的，大自然卻似乎對此沒啥興趣。太陽釋放出了巨量的能，而其中大約只有二十億分之一落到地球上面。大自然固然有能量守恆，但其實並不是真的很在乎，才會隨意的將能量拋向四面八方。

★原注：此處得記得把反重子的數目前面，加上個負號。

　　我們目前已經能夠從鈾獲取能量，也能夠從氫獲取能量，但目前還只能在爆炸性的危險情況下從氫上頭得到能量。如果我們能夠控制熱核反應，那麼每秒中從 10 夸脫* 水的物質所獲得的核能就等於整個美國的全部發電量。或者說，只要每分鐘引入 150 加侖的水，你我就有足夠的燃料，供應全美國目前正在使用的全部能量！

　　所以，我們亟待物理學家想出辦法來，把我們從能量渴望中解救出來。這是一定可以辦到的。

　　*中文版注：1 夸脫（quart）等於 0.25 加侖或 0.946 公升。1
　　　加侖（gallon）等於 3.785 公升。

第5堂課

重力理論

這個萬有引力定律既清楚又簡單，

──居然所有的衛星、行星、恆星

都由如此簡單的定律來控制。

這項偉大的發現也成為此後歲月中，

科學得以長足發展的原動力。

5-1 行星運動

在這一章裡，我們將討論人類心智最深遠的一項成就。當我們在讚嘆人類心智之時，也應該花點時間，以敬畏之心，想想**大自然**如何能夠既完美又普遍的遵循諸如重力定律這樣雅致簡單的原理。

什麼是重力定律？重力定律就是指宇宙間，每一個物體都會吸引其他每一個物體；而任何兩個物體之間的吸引力，跟其各自的質量成正比，並與兩者之間距離的平方成反比。我們可以用一條數學方程式來表示這定律：

$$F = G\,\frac{mm'}{r^2}$$

如果除此之外，我們再加上一件事實，就是物體對力的反應是它會往力的方向加速，而且該加速度的大小跟這物體的質量成反比，那麼我們就有了所需知道的一切；一位有足夠才華的數學家便能推演出這兩個原理的所有結論來。

不過，既然我們不能假定你目前已有足夠的才華，我們只好繼續討論一些可以推出的結論，而不是只告訴你這兩條原理而已。這裡我們將簡單敘述一下發現重力定律的故事，討論一些它的後果、對歷史的影響、帶來的奧祕、以及愛因斯坦對這條定律所做的一些修正。我們還會討論這條定律跟其他物理定律之間的關係。當然這麼多的題目不可能在同一章裡面講完，所以在以後的章節中，陸陸

續續都會提出來討論。

　　這整個故事肇始於古人觀測行星在星空中的運動，而終於推敲出它們是繞著太陽而行。後來哥白尼（Nicolaus Copernicus, 1473-1543）又重新發現了這件事實。至於行星到底是**如何**環繞太陽，又以**什麼方式運行**，則需要更多的研究才爲人所瞭解。在十五世紀初期，人們曾激烈爭辯行星是否眞的繞著太陽運行。當時第谷（Tycho Brahe, 1546-1601）有個跟友人完全不同的想法，他認爲解決這項行星運行紛爭的最好辦法，是相當精確的去測量出行星在天空中的位置。如果測量的結果能夠告訴我們行星在天空中確切的行進路線，則我們或許可能判定孰是孰非。

　　這的確是非常偉大的想法。那就是如果眞有心要解決問題的話，與其陷在深奧的哲學辯論裡，不如做些細心的實驗。爲了實現他這想法，第谷在哥本哈根附近的文島（Hven）天文台，花了許多年時間觀測行星位置。他製作了一大堆圖表，死後由數學家克卜勒（Johannes Kepler, 1571-1630）拿去研究。克卜勒從這些數據裡面發現了幾個非常漂亮、非常了不起、卻極其簡單的行星運行定律。

5-2　克卜勒定律

　　克卜勒的第一個發現，是每個行星都沿著一種叫**橢圓**的曲線繞著太陽前進，而太陽正位於這個橢圓的焦點。橢圓並非只是一般的卵形線，它是一種非常明確且精準的曲線。實際上我們可以拿兩枚圖釘，分別扎在兩個點（即焦點）上，然後借用一根繩圈和一枝鉛

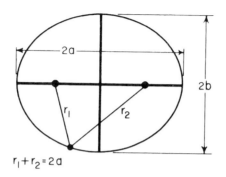

圖5-1　橢圓

　　筆，就能畫出橢圓來。以比較數學的方式來說，它是一些點所構成的軌跡，這些點與兩個焦點的距離之和是一個常值。或者，你也可以認為它是一個壓扁了的圓（見圖5-1）。

　　克卜勒的第二個發現，則是行星並非以固定的速率繞日運行。當它們愈靠近太陽，速率就變得愈快，離開太陽愈遠，速率就慢了下來。如果我們在任何前後兩個時刻去觀測一顆行星，假設這前後兩個時刻之間隔了一星期；我們從每一個觀測點劃一道徑向量★，則該行星在一個星期裡走過的弧線，跟前後兩道徑向量會圍出一個扇形區域，就是我們在圖5-2中看到畫了斜線的地方。

　　★原注：徑向量（radius vector）就是連接太陽與該行星的直線。

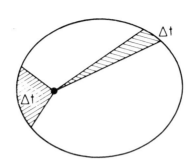

<u>圖</u>5-2　克卜勒的等面積律

　　如果我們在軌道離開太陽較遠（這時行星的速率較低）的另一處也前後兩次去觀測行星，這兩次觀測也是相隔一星期。同樣的，這兩次的觀測也會圍出一扇形區域。而這個扇形區域的面積會剛好等於第一回扇形區域的面積。所以根據克卜勒這個第二定律，行星在軌道上前進的速率，正好能使得徑向量在相同時間內會「掃過」相同的面積。

　　過了很多年之後，克卜勒才終於發現了他的第三定律。這條定律跟前面的兩條不屬於同一類型，因為它涉及的不是單獨一個行星，而是一個行星跟另一個行星之間的關係。這條定律是說：如果我們比較任何兩顆行星繞行太陽的週期及軌道大小，則週期會和軌道大小的3/2次方成正比。在這個說法裡面，所謂週期是指行星繞太陽走完一圈所用的時間，而軌道大小則是橢圓軌道的最大直徑長度，這最大直徑的術語為長軸（major axis）。簡單點說，如果這些

行星軌道都是圓形的，其實這和實際情形相差並不是很遠，那麼它們繞圓一圈所費的時間，與該圓直徑（或半徑）的 3/2 次方成正比。總結下來，克卜勒的三個定律就是：

(1) 行星以橢圓形軌道繞太陽運行，太陽位於該橢圓之一個焦點上。

(2) 連接太陽與行星的徑向量，在相同的時間內會掃過相同的面積。

(3) 任何兩顆行星的繞日週期之平方，與它們軌道的半長軸之立方成正比：$T \propto a^{3/2}$。

5-3　動力學之發展

　　當克卜勒正在發現這些定律的時候，伽利略也正在研究運動定律。伽利略的問題是，什麼使得行星繞圈子？（當時有某個理論說行星之所以會繞圈子，是由於行星後面有看不見的天使，鼓動著翅膀，推著行星往前跑。你會學到這個理論已受到修正！事實上，如果要讓行星持續繞著太陽轉，這些看不到的天使必須往另一個方向推，而且他們沒有翅膀。除此之外，這個理論和現代的理論還有些類似！）

　　伽利略發現了一件跟運動有關的不凡事實。我們如果要瞭解克卜勒的定律，這件事實是不可或缺的。伽利略的發現就是**慣性**原

理，這項原理的意思是如果有樣東西在動，而且沒有東西碰它，在完全不受干擾的情況下，這東西會一直往前沿著一直線，永遠以等速率行進。（至於**為什麼**它要繼續不停的向前走不可？我們並不清楚。總之它就是如此。）

後來牛頓（Isaac Newton, 1642-1727）把這個觀念修改了一些，說唯一能夠改變物體運動的辦法，就是施**力**（force）。如果這個物體運動的速率增快，則一定有個力**順著運動方向**推它。如果這個物體的運動**方向**改變了，那麼一定有力作用在該物體的**側面**。因而牛頓加上了這個新觀念：我們必須施力，才能改變物體的運動速率或**方向**。譬如說，我們把一塊石頭綁在一根繩子尾端，然後拉著繩子讓石頭繞圈轉，我們一定得施力，石頭才會繞著圓圈轉——我們必須**拉住**繩子。

事實上，這定律的意思是力所造成物體的加速度會跟其質量成反比，或者說力和質量乘以加速度成正比。物體質量愈大，就需要愈強大的力，才能使它產生一定的加速度。（我們可以這麼測量物體的質量：把其他石頭綁在同一根繩子的尾端，並讓石頭以同樣的速率繞著同樣大小的圓圈轉，我們就可以發現究竟需要用更大或更小的力才能做到如此。質量更大的物體就要更大的力。）

科學家從這樣子的考量，推演出一個非常了不起的觀念來，那就是要保持行星在軌道上繞圈子，並不需要**切線方向的力**（天使不需要朝切線方向推），因為行星本來就會自動朝那方向前進。不過如果完全沒有東西在干擾，行星就應該會沿著**一直線**飛出去。但是行星真實的行進方向，卻偏離了那一條在無干擾情形下本該走的直

線。而它這偏離的方向，主要是跟原來行進的方向成**直角**，而不是跟原來行進的方向一致。換句話說，由於慣性原理的關係，控制行星繞行太陽所需的力，不是**繞著**太陽，而是**向著**太陽。（所以，如果真的有一股朝向太陽的力作用在行星身上的話，那麼很顯然的，太陽就是早先人們認為看不見的天使了！）

5-4　牛頓的重力定律

由於牛頓對運動理論瞭解得比別人深刻，他認識到**太陽**很可能就是掌控行星運行的力的根源。牛頓自己證明了（或許我們待會兒也該在此證明一下），前面所提到的相同時間內徑向量掃過相同面積的事實，就是一個明確的指示，告訴我們行星運行時，離開直線的偏差都是**徑向的**，而克卜勒的等面積律不過是一切的力全**朝向著太陽**這個觀念的結果而已。

其次，我們可以從克卜勒第三定律證明，離開太陽愈遠的行星所受的力愈弱。如果拿兩顆跟太陽距離不同的行星來比較，分析顯示行星所受之力和其距離的平方成反比。牛頓把這兩個定律合併起來，得到一個結論，就是兩個物體之間必然有一個力，它跟兩者距離的平方成反比，而方向則與物體之間的連線一致。

牛頓頗有天分能從個例看出一般性通則，因此他當然會認為，這個關係不會僅僅適用於太陽抓住行星這一件事上。例如當時人們就已經曉得，木星就有好幾個衛星繞著它轉，正好像月球繞著地球一樣。牛頓覺得有把握，每個行星也都有相同的力抓住它自己的衛

星。而那時他已經知道地球依靠著一種力，把**我們**全給拉住。於是他提出說，這是一種**萬有力**（universal force），也就是**每件東西都會吸引其他每件東西。**

　　接下來的問題是，地球拉住蘋果與人的力，跟它拉住月球的力，是否「同樣」呢？亦即是不是也跟距離的平方成反比？在地面附近的物體，我們若放手讓它從靜止狀態下落，第一秒鐘裡面會下降16英尺。那麼月球在同樣時間內下落了多少呢？我們可能會說月球一點也沒掉落下來。但是如果沒有力作用於月球上，月球就應該以直線飛了出去，而它偏偏圍著圓圈在轉。所以它其實是從「在無外力情況下，它原本該跑去的地方」**掉落下來。**

　　我們可以由月球軌道的半徑（大約240,000英里），和它繞地球一周的時間（大約29天），先算出月球在它的軌道上每秒所走的距離。然後算出來它每秒下落了多少距離*。這個距離大約等於1/20英寸。這個答案非常符合平方反比律，因為地球的半徑是4,000英里，所以如果有個東西在離地心4,000英里處每秒下落16英尺，那麼在地心的240,000英里外，或是4,000英里的60倍處，就應該下落16英尺的1/3600，也就是大約1/20英寸。

　　牛頓是個很仔細做計算的人，他最初得到的結果和觀測值差距太大，使得他認為這個理論有違事實，因而沒有發表他的結果。六年之後，人們重新測量地球半徑，發現以往天文學家使用的地球跟

*原注：也就是月球軌道的圓周線從一秒鐘前跟圓切線分道揚鑣後，此時兩者之間的距離。

月球之間的距離是錯誤的。當牛頓聽到這個消息，馬上重新做了一次計算。這回他用了新的正確數據，結果非常完美，與他企盼的結果完全相符。

上面提到的月球會「下落」的想法確實令人有些困惑，因為你明明看到它並沒有**更靠近**過來。這個想法很有意思，值得再進一步解釋：**這月球下落是指它從一條直線偏離，也就是假如沒有外力作用時，它原本要跟隨的那根直線。**

我們再舉個在地球表面上的例子。前面講過，一個物體在地球表面附近被放開，在第一秒鐘裡面會下降16英尺。另一個物體被人向**水平方向**射出去，同樣會在第一秒內下降16英尺。即使它正往水平方向移動，它在同樣時間內仍然落下相同的16英尺。

圖5-3裡有個儀器可用來證明這點，在軌道下方的水平部分放著一個球，我們要讓它向前飛出去，落在些許距離之外。在軌道正前方不遠、同一高度的地方，另外放著一個球，它能垂直落下。同時我們安排好一個電開關，使得在第一個球離開軌道的那一剎那，第二個球就被釋放。實驗的結果是兩個球會在半空中相撞，這證明了它們相撞之前，同時下落了相同的高度。

一個物體，譬如說一顆子彈，向著水平方向射出，在一秒鐘內可能走了很長一段距離（大概2,000英尺吧），但它仍然只下落了16英尺。如果我們把子彈的速率加快，會發生什麼事情呢？別忘了地球的表面是彎曲的，如果子彈的速率增加到夠快，在它下落了16英尺之後，它在地面上的高度有可能仍然維持著和以前的一樣。這怎麼可能呢？它下落固然不錯，但是地面也跟著向下彎曲，因而子

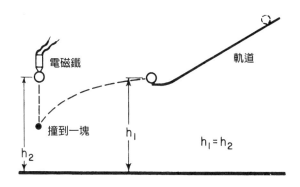

圖5-3　證明垂直、水平方向的運動各自獨立的儀器

彈就「繞著」地球落了下去。現在的問題是，這子彈得在一秒鐘內射出多遠，才能使得同時間內，子彈下方的地面也從地平高度降低了16英尺？

　　在次頁的圖5-4裡面，我們看到半徑4,000英里的地球，以及如果子彈在沒有外力影響之下，所應該走的那一條與圓周相切的直線路徑。我們如果用上幾何學裡一則奇妙的定理，那就是圓切線的長度，等於直徑被一條與該圓切線等長的半弦分割之後，所得到兩部分長的比例中項（mean term of proportion），也就是等於這兩個長度的乘積開平方。所以我們的子彈射程是，下落了的16英尺與地球直徑8,000英里之間的比例中項。

　　我們把16英尺除以5,280英尺／英里就可換算成英里，再乘以8,000英里之後開平方，算下來的答案非常接近5英里。所以我們瞭

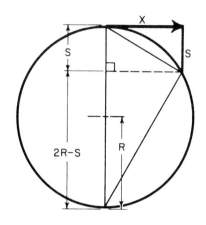

圖5-4　圓圈路徑的向心加速度。由平面幾何得知，$X/S = (2R - S)/X \approx 2R/X$，其中 R 是地球的半徑，大約等於4,000英里。X 是子彈在一秒鐘內，朝水平方向移動的距離，而 S 則是它在一秒鐘內下落的距離，也就是16英尺。

解，如果子彈以每秒5英里的速率前進，則它雖仍然會不斷以每秒16英尺的速率向地面方向下落，但卻也無法跟地面靠近。因為地面也跟著同樣下彎。這就是為什麼加葛林（Yuri Gagarin, 1934-1968，蘇聯太空人，第一位飛繞地球的太空人）在以差不多每秒鐘5英里的速率一直往前飛的時候，還能繞著地球一圈走了約25,000英里而不摔下來。（另外由於他不是貼著地在飛，離地面有些高度，因此費時久了一些。）

　雖說任何一個新定律的發現都非常了不起，但唯有我們可以從

新定律中，推測獲得新的知識，這新定律對我們才有用處。例如牛頓就是**用**了克卜勒的第二和第三定律來推導出他自己的重力定律。

那麼牛頓**預測**了什麼呢？首先他對月球運動的分析就是一項預測，因為那是他把地球表面上東西會往下落這一回事，和月球也會往下落，拉上了關係。其次，他的問題是**軌道是一個橢圓嗎**？我們將在以後的課程裡，討論如何才能精確計算出運動軌道來，而且真的是能夠證明行星軌道確實應該是個橢圓。★ 所以牛頓不再需要額外的假設就能解釋克卜勒**第一**定律。這就是牛頓第一項了不起的預測。

重力定律解釋了許多以往人們無法理解的現象。譬如，月球對地球的拉力造成了潮汐。其實很早以前的人們已經想到了這一點，但是他們沒有牛頓聰明，以致於他們以為一天應只有一次漲潮。他們的理由是月亮把水拉了起來，造成了地球上海水一邊高一邊低，同時由於地球在底下自轉，所以在某一定點的海水會每24小時漲退潮各一次。然而事實上並非如此，潮汐現象是每12小時一次。另有一派認為漲潮是出現在地球上背對著月亮的那一邊，因為月亮將地球拉離開了海水！

這兩個想法都不對。真實的情況是：月球對於地球以及海水的拉力在中心處有個「平衡」點，但是比較靠近月球的海水受到的拉力比平均拉力**大**，而較遠離月球的海水所受的拉力則比平均拉力來

★原注：這項證明並沒有包括在這門課程內。

得**小**。此外海水能夠自由流動，而比較堅硬的地球本身則不能。潮汐真正的原因就由這兩個因素混合造成。

我們不禁要問，「平衡」是指什麼？究竟什麼東西會平衡？如果月球把整個地球拉向它，為什麼地球不會掉到月球上？原因是地球跟月球一樣，耍著同樣的把戲，它也是圍繞著一個由地球跟月球合起來的重心點在轉。這個重心點雖在地球裡面，但不是位於地球的中心。所以光說月球繞著地球轉，原則上是有點問題的，正確的說法應該是：地球跟月球同時圍繞著一個共同的重心在打轉，它們都會落向這個共同位置，就如圖5-5所示。

而它們圍繞著共同中心的運動，剛好平衡住它們想落向對方的傾向。所以地球並非循著一條筆直的線往前走，它也是在不斷的繞圈子。

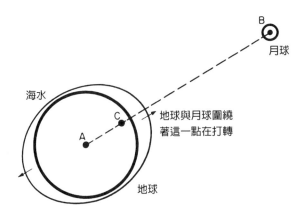

圖5-5 地球—月球系統的潮汐

背著月球的地表海水，因為離開月球較遠，月球對它的拉力比月球對地球中心的拉力要弱了一些，致使它成為「不平衡」；而月球對地球中心的拉力，正好平衡抵消了「離心力」。由於海水所受的拉力不能平衡離心力，所以使得海水被拋離地心，形成水面上漲的結果。相對的，面對月球的海水，來自月球的引力比離心力稍強，這個不平衡的結果與上述的情況相反，海水被拉向月球，不過一樣是被拉**離**地心，所以海面上漲。最後我們看到的是海水有**兩次**潮汐。

5-5　萬有引力

一旦弄清楚了重力之後，我們還可以瞭解哪些其他事情呢？每個人都知道地球是圓的。為何它是圓的呢？這個問題容易回答，答案就是因為有重力的關係。地球之所以是圓的，只因為每樣東西都會吸引其他每樣東西，因此地球會盡可能的相吸在一塊！不過，如果我們進一步研究得更仔細些，地球並非**恰好**是一個圓球。那是因為它一直在旋轉，而旋轉帶來的離心效應，會在赤道附近抵消掉部分重力，所以地球應該是一個橢圓球形，而且非常接近正確的橢圓球形。由此我們可以只從重力定律就推導出太陽、月球、地球都應該（幾乎）是球形。

重力定律還有什麼其他用途呢？如果仔細觀測木星的衛星（木衛共有16顆），我們可以瞭解它們繞著木星轉的一切細節。在此順帶一提，以前觀測木衛的人曾經遭遇到一個難題，值得討論一下。

有位名叫羅默（Olaus Roemer, 1644-1710）的人，曾非常仔細的研究過這些衛星。他注意到那些衛星並不很準時，有時早到，有時遲到（人們早已在長時間觀測下，分別求得各個木衛繞木星走一圈的平均週期）。不過這個變化似乎有個規律可循，那就是每當木星**靠近**地球的時候，那些木衛就會**提早**出現，而當這兩個行星離得**較遠**時，它們就會**晚**一些。

　　若是純粹依據重力定律，這個現象非常難以解釋。事實上，要是沒有其他解釋的話，它甚至可以成為重力定律的致命傷。因為對於任何定律來說，即使只是在**一個場合**出錯，那它就是錯的。

　　其實羅默看到的不規則現象，背後有個非常簡單、漂亮的原因：我們需要等一會兒才能**看到**木衛，因為光需要時間才能從木星走到地球。當木衛繞過了木星背後、轉了出來的那一剎那，我們並不能馬上看到木衛，而是得等一會兒。如果木星比較靠近地球，我們等的時間比較短；如果木星離地球比較遠，我們等的時間就比較長。這就是為什麼平均而言，木衛看起來有時早些出現，有時晚些出現。一切都依木星和地球的距離而定。這個現象證明了光速不是無窮大，羅默利用這個現象於1656年首次估計出光速的大小。

　　如果所有行星之間，都會相互拉扯的話，那麼譬如控制木星圍繞太陽運行的力，就不只是全然來自太陽，而會包括一些譬如來自土星的吸引力。當然土星的吸引力不是很強，因為太陽的質量遠超過土星，但還是有**一些**影響，以致於木星繞日的軌道不能夠維持在一個完美的橢圓形曲線上，而產生偏差，讓木星在這條橢圓線附近「搖晃」。

　　這樣子的運動確是有些複雜，曾經有人用重力定律來分析木星、土星和天王星三大行星的運動，把它們三個之間的相互影響納入計算，看看是否能把它們在運行上的各種小偏差或不規則的行為完全以重力定律來解釋。結果是木星、土星兩個計算出來的軌道與觀測正好相符，而天王星則是相當「反常」，它的軌跡非常奇怪。它走的不是完美的橢圓形，這是可以理解的，因為它會受到木星與土星的吸引力。但是即使將木星、土星的影響考慮進來之後，天王星**仍然**不太對勁。所以重力定律面臨被推翻的危機，我們無法排除這種可能性。

　　後來英、法各有一位科學家，亞當斯（John Couch Adams, 1819-1892）與萊威利埃（Urbain Le Verrier, 1811-1877）兩人，各自想到了另外一個可能：也許**另外**有個很黯淡、人們尚未看到的行星在附近。這顆以 N 為代號的行星，很可能影響到了天王星的軌道。於是他們就計算出這樣一顆行星必須在什麼位置才能造成觀測所見的偏差，然後通知各自的天文台：「先生，請把貴處望遠鏡朝向某某方位，那麼您們即將發現一顆新的行星！」

　　但是這種建議會不會被接納，經常是取決於你所聯絡的人；總之萊威利埃的話被聽進去了，天文台便去搜尋這顆 N 行星，而 N 行星果然就在那裡！★ 過了幾天，另一座天文台也很快的去找，果然也看到了。

★中文版注：N行星就是海王星。

　　這項發現證明了牛頓定律在太陽系裡是完全正確的。但是太陽系的行星之間距離到底有限,這些定律一旦超過這種距離,是否依舊正確呢?首先我們要問,**恆星**之間是否也如同行星之間一般**相互吸引**?

　　我們在**雙星系統**裡看到確切的證據。圖5-6是時間上一先一後所拍到的兩張某一雙星系統的照片,在這系統中有兩個非常靠近的恆星。(照片裡還有第三顆恆星在場,證明這兩張照片的確不是只把同一張照片轉了轉角度而已。)兩張照片的拍攝時間相隔了數年,與一旁的「固定」恆星相對照,我們可以看到,這對雙星的連線在這幾年裡明顯轉動了一些,也就是說,這兩顆星是互相圍繞著對方在轉。那麼它們是否依照牛頓定律在轉動呢?

圖5-6　雙星系統

　　我們可以仔細測量雙星系統中雙星的相對位置，圖5-7就是一例。圖裡展現的是個漂亮的橢圓形，測量的時間從1862到1904年（到現在爲止，它應該是已經又繞過一周了）。這些全符合牛頓定律，唯一不對勁的是天狼星A並**不落在橢圓形的焦點上**，這是怎麼回事呢？

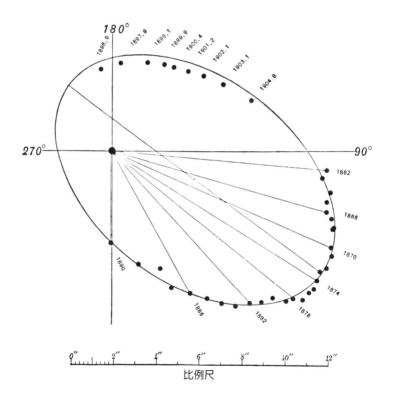

圖5-7　與天狼星A對比下，天狼星B所運行的軌跡。

　　原來是它這個橢圓形軌道的平面，跟我們看到的「天空平面」並不一致。我們其實不是從軌道平面的垂直正上方或正下方看它，而如果我們從任何其他角度來看一個橢圓形時，它仍然不失之爲橢圓形，但是焦點卻會換了個位置。總之，我們還是可以根據重力定律的要求，來分析雙星互繞的運動。

　　圖5-8證明了重力定律在更大距離的情況下也是成立的。任何人如果從這張照片裡看不出是重力在作用的話，此人一定是失了魂。這張照片所顯現的是穹蒼裡最美麗的東西：一個球狀星團（globular cluster）。照片裡所有的白色小點，全是一顆顆的恆星。雖

圖5-8　球狀星團

然它們靠中心的部位，看起來好像都堆積在一塊了，其實不然，那只是我們儀器不夠精細的緣故。實際上即使是星團最中心的部位，恆星與恆星之間的距離仍然是非常遙遠，它們之間絕少會相撞。

照片告訴我們，愈是靠中心的部位，恆星數目就愈多，向外則愈來愈少。這現象很明顯的表示，這些恆星之間相互吸引。而這樣的星團有多大呢？它的大小大約是我們太陽系的十萬倍。所以我們看到了，在這麼大的距離之下，仍然有重力存在。

現在讓我們再更上一層樓，看看一**整個星系**（galaxy）的情形。次頁的圖 5-9 是一張星系的照片，我們從星系的形狀可以看出，其物質有明顯的傾向要聚集在一起。當然我們還無法證明那裡的重力定律也剛好是平方反比律。我們只能確定，即使在那麼巨大的尺度下，仍然有引力讓整個星系聚集在一起。

可能有人會問：「既然都是聚集在一起，為什麼這回不是一個球呢？」答案是整個星系在**旋轉**，因此當它向內緊縮的時候，具有丟不掉的**角動量**，所以它至多只能縮到一個平面上。（說到這兒，如果你正想找個好題目來作研究，讓我告訴你，目前還沒有人能夠說清楚星系旋臂究竟是如何形成的？以及到底是何種因素在決定星系的形狀？）

無論如何，圖中這個星系的形狀很明顯是由重力造成的，雖然礙於它的複雜結構，我們還不完全瞭解它的各項細節。星系的大小或許有 5 萬到 10 萬光年，而地球距離太陽不過是 8 又 1/3 光**分**，你可想見數萬光年的距離是多麼的遙遠！

圖5-9　星系

　　如圖5-10所顯示,重力似乎在更大的距離範圍內依然存在。這張照片裡面我們看到了許多「小」東西群聚在一起,這些小東西可都不小,每一個就是一整個星系。所以照片裡是一個**星系團**。星系與星系之間,即使距離又更大了一層,也還是互相吸引,仍然聚集到一起去。也許就是超過了**數千萬**光年的距離,重力仍然會存在。就我們目前所知,重力似乎是以距離平方的反比,無止盡的延伸下去。

　　從重力定律出發,我們不但能夠瞭解各種星雲(nebula),甚至還能夠得到一些星球來源的想法:如果我們有像圖5-11所示的一大

圖5-10　星系團

圖5-11　星際塵雲

團塵雲和氣體雲，塵埃之間的重力作用會使得它們聚合成小塊。圖裡一些勉強可看得出來的「小」黑點，很可能就是塵埃和氣體因為重力作用正在開始聚集，將成為未來的星球。

我們是否看到過正在形成的星球？大家的意見還莫衷一是，下面的圖5-12就是證據之一，顯示我們似乎已見到星球的誕生。左手邊的照片是1947年拍的，是一個氣體區域，裡面夾雜著好幾顆恆星。右手邊的照片是七年之後拍的，可以看得出來多出了兩個新的光點。

是否在這段時間內，氣體聚積了起來？是否重力作用到了某個程度，把它聚積成一個體積夠大的球，點燃了其內部的核反應，然

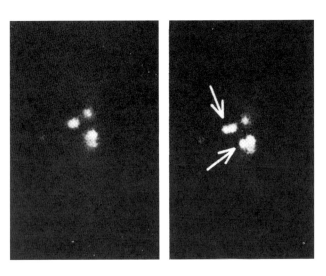

圖5-12　新的恆星誕生了？

後成為一顆新出現的恆星？也許如此，也許不是。如果說僅僅七年之內，我們就能有幸看到一顆恆星從無變有，實在不太合理，而此例之中，居然一次看到了**兩顆**，那真是匪夷所思，可能性是低之又低了。

5-6　卡文迪西實驗

　　所以我們知道，重力可以跨越非常遙遠的距離。不過如果**任何**兩件物體之間都有引力存在，我們應該能夠測量出來這力有多大。為什麼我們一定得看恆星互繞圈子，而不能用一個鉛球跟一顆玻璃彈珠，然後看玻璃彈珠被鉛球吸引過去呢？如此簡單的實驗其困難之處在於涉及的力實在太微弱。做這項實驗必須極端細心才行，例如整個儀器必須密封起來，裡面不能有絲毫空氣，確定儀器上沒帶電荷等等，然後才能去測量力。

　　最早完成這項測量的人是卡文迪西（Henry Cavendish, 1731-1810），他所用的儀器裝置原理如次頁的圖5-13所示。這個實驗首先測量了兩個固定的大鉛球與兩個活動小鉛球之間的吸引力。那兩個小鉛球是附在一根桿子的兩頭，而桿子則是懸掛在一條叫做扭絲（torsion fiber）的細線上。卡文迪西從扭絲扭轉的程度，量出了力的大小。結果他證明了重力跟距離的平方確實呈反比，而且也量得了重力的強度。所以我們能夠精確的決定以下公式中的係數 G：

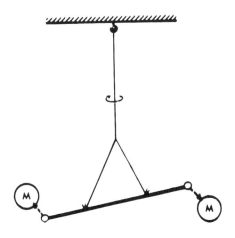

圖5-13　卡文迪西用來證明萬有引力定律在小物體之間同樣適用，並且
　　　　藉以測量出重力常數 G 的儀器示意圖。

$$F = G\,\frac{mm'}{r^2}$$

公式中的 m、m' 與 r 都是已知值。你會說：「這些對於地球來說，
我們早就知道了。」不錯！可是我們並不知道地球的**質量**。現在我
們從卡文迪西實驗得到了 G 的值，加上知道地球對物體的引力大
小，我們就間接知道了地球的質量！

　　所以人們曾把這個實驗稱為「秤地球」。卡文迪西也對人宣稱
說他在秤地球，其實他測量的是重力定律中的係數 G。其實這是我
們測量地球質量的唯一方法。G 這個常數算出來是：

$$6.670 \times 10^{-11} \text{牛頓} \cdot \text{公尺}^2 / \text{公斤}^2$$

　　重力理論的偉大成就，以及它對科學史所造成的極端重要影響，我們再怎麼誇大也不為過。回想到在發現重力定律之前，人們普遍心中充滿困惑、缺乏自信，凡事都只是一知半解，因而有無窮的爭論與矛盾。對比之下，這個萬有引力定律既清楚又簡單——居然所有的衛星、行星、恆星都由如此**簡單的定律**來控制，而且人們不但能夠**瞭解**這個定律，還能從中推導出行星應該如何運動！這項偉大的發現也成為此後歲月中，科學得以長足發展的原動力，因為它讓我們期望世界上其他的現象，也會有如此漂亮簡單的定律。

5-7　重力究竟是什麼？

　　但是重力定律真的只是如此簡單嗎？它背後的機制是什麼呢？到目前為止，我們只描述了地球**如何**圍繞著太陽運行，而從沒有提到**是什麼使得地球會去繞太陽**。牛頓只想要弄清楚重力到底在做什麼，而不去擔心它的機制為何。從牛頓到現在，**還沒有人能夠提出任何合理的重力機制來**。

　　這種抽象的性質，正是許多物理定律與眾不同之處。譬如能量守恆律是一個關係到許多不同物理量的定理，你得把它們算出來然後加起來，這定理沒有提到任何機制。偉大的力學定律同樣也不外是些定量性質的數學定律，一樣沒有機制可言。

　　為什麼我們能夠不在意機制，只用抽象的數學來描述大自然

呢？沒有人知道答案。我們只能這樣繼續下去，因為我們這麼做，可以有更多的發現。

關於重力的機制，倒是曾有許多不同說法。其中之一滿有意思，經常被人想到。想到的人一開始都會非常興奮，以為是一項重大「發現」，不過他很快就發覺這個想法是錯的。這個說法最早出現於 1750 年左右。假設空間中在各個方向上有許多極高速的粒子，它們穿過物體時，只有少量會被吸收。一旦地球**吸收**了這些粒子，地球就得到了一些衝量（impulse）。但是由於這些粒子來自四面八方，因此所有的衝量都抵消掉了。

不過，當地球附近有太陽時，情況就會有些不同。從太陽方向射過來的粒子，因為經過了太陽的吸收，數量上會比來自反方向的粒子少，使得地球感受到一個往太陽方向的淨推力。我們不難看出這個推力應該跟太陽與地球之間距離平方成反比，因為這就是太陽所張的立體角（solid angle）與它和地球之間距離的關係。

那麼這個說法為什麼不對呢？主要是它會造成一些**與事實不符**的其他後果來，例如以下這個矛盾：地球既然是繞著太陽在跑，由前面衝來的粒子就應該比從後面追上來的粒子多些。（就像你在雨中奔跑時，前面臉上遇到的雨點要比後腦勺遇到的雨點多些。）也就是地球所受來自前方的衝量，會比後方來的衝量大，地球自然會感受到**運動阻力**，而在軌道上慢下來。我們可以計算出地球在這阻力影響之下，過了多久時間就會停下來。計算的結果是根本不用花多久時間，就能讓地球完全停止下來。這當然跟事實完全不符，所以這個說法也就泡湯了。

其他被人提出過的理論，均與此大同小異，都是在「解釋」重力之外，還附帶預料了一些**不**存在的現象。

接下來我們要討論的是，重力與其他力之間的可能關係。目前還沒有人能用其他力來解釋重力，例如說它本質上是電力或其他什麼的。不過重力與其他力非常相似，其雷同處值得在此一提。譬如說，兩個帶電荷物體之間的電力，形式上看起來跟重力定律殊無二致：電力是一個帶負號的常數乘上兩邊電荷的乘積，而且也是與兩物體距離的平方成反比。雖然兩個帶相同電荷物體間的電力是排斥力，恰與重力相反，但是兩種力都與距離成平方反比關係，這不仍是非常不尋常的事嗎？

也許重力跟電力的關係比我們想像中要密切些。許多人曾經試圖把它們統合起來，所謂統一場論（unified field theory）就是想把電力與重力結合起來的優美嘗試。但是在比較電力跟重力的時候，最有趣的是兩者之間的**相對強度**。任何同時包含著兩者的理論，必須要能夠把重力的強度從該理論推算出來。

如果我們拿兩個電子（自然界的通用電荷）出來，以某種自然單位來表達它們之間來自電荷的斥力，以及來自質量的吸力。這兩個力的比值與距離無關，是自然界的一個基本常數。這個比值顯示於次頁的圖5-14。兩個電子之間的重力，僅只等於電力的4.17×10^{42}分之一！

問題是這麼大的數字是從哪來的呢？這並非像拿地球的體積，隨便去跟跳蚤的體積做比較那樣偶然。它們可同是一樣東西（電子）的兩種自然性質。這個不可思議的數值既然是自然界的常數，就應

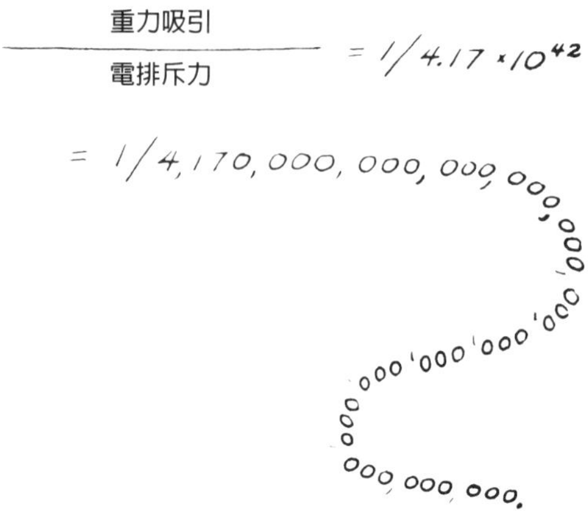

$$\frac{\text{重力吸引}}{\text{電排斥力}} = 1/4.17 \times 10^{42}$$

$$= 1/4,170,000,000,000,000,000,000,000,000,000,000,000,000,000,000,000,000,000.$$

圖5-14　兩個電子之間，重力與電力的相對強度值。

該跟大自然有某種深切的關係才對，那麼它究竟會從哪兒來呢？

有人說我們將來會發現一個所謂「通用方程式」，裡面有一個解，就是此常數。不過若眞要找出一個方程式能夠自然的有這麼大的解，確實非常困難。也有人想到過其他的可能，其中之一跟宇宙的年齡扯上了關係。很顯然，我們必須設法去找出**另**一個很大的數字來。

如果眞的跟宇宙年齡有關，那麼宇宙年齡該如何計算呢？難道會是以**年**爲單位嗎？當然不是！因爲年並不是一個自然單位，而是由人定義的。一個更爲自然的例子是光跨越一個質子所需要的時間，相當於 10^{-24} 秒。如果我們拿這個時間和**宇宙年齡** 2×10^{10} 年相比較，兩者的比值是 10^{-42}。

　　上面說的這兩個比值相當接近，至少是同一數量級。因此有人建議重力常數跟宇宙年齡有關。如果這個說法屬實，那麼重力常數根本不是常數，而是會隨著時間而變，因為宇宙年齡與光跨越質子所需時間的比值正在漸漸變大，難道重力常數也**是**一樣隨時間變化？當然這個變化將非常小，很難證實。

　　我們能想到的一個檢驗方法是，找出這項變化在過去 10^9 年內所造成的效應。這麼多年之前，大約正好是地球上開始有生命的年代。而這段時間大約是宇宙年齡的十分之一，所以如果重力常數在變的話，它也會在這段時間內大約增長了百分之十。

　　我們知道，太陽內部產生輻射能的速率，與太陽組成物質的重量必須處於平衡狀態，所以如果重力強了百分之十，則太陽將會輻射更多的能量，亮度會比現在高百分之十以上；事實上亮度與重力常數的**六次**方成正比！＊

　　而那較強的重力，還會對地球軌道產生很大的影響，使得地球跟太陽**靠得較近**。這兩項效應合起來，將使地球的溫度提高約攝氏100度。在那樣的高溫下，所有地球上的水會完全**變**成蒸汽留在空中，不可能會有海洋，那麼生命也就無法從海洋裡開始了。

　　所以，我們**不相信**重力常數會隨著宇宙年齡變化的說法。不過我們剛才所講的反對理由，說服力還不夠，所以這個議題到現在尚未有定論。

＊中文版注：亦即 $1.1^6 - 1$，大約明亮了百分之七十七。

　　可以確定的是，重力與物體**質量**成正比，而質量基本上是**慣性**的度量。慣性的意義就是，一個物體的慣性如果愈大，我們就愈難拉著它、讓它繞著一個圓圈旋轉。因而如果我們有兩件物體，一輕一重，同樣都是因為重力的關係繞著一個較大的物體運行，只要它們是在同一個圓周軌道上的話，速率就會相同。雖然質量較大的物體以一定速率繞著同一個圓周轉，**需要**較大的力，但是由於重力跟質量也**正好成比例**，因此這兩個物體也就能以相同的速率走在一起。

　　若是其中的一件物體正好套在另一件物體的裡面，它就會**待在**裡面，且看起來紋風不動，這是完美的平衡。所以坐在繞地球的太空船裡的太空人，看到太空船裡所有的東西全變成了「失重狀態」。譬如說，如果他把原本拿在手中的一根粉筆放開，這根粉筆仍然會以完全相同的方式跟著太空船繞地球運行。在太空人看來，這根粉筆會一動也不動的懸浮在眼前。

　　最有趣的是，重力真的是**完完全全**跟質量成正比。因為如果稍有出入，那麼就會出現一些效應，顯現慣性與重量之差異。1909年，厄弗（B. R. von Eötvös, 1848-1919），首度設計了一個高精確度的實驗，近來狄基（Robert H. Dicke, 1916-1997）也重做了一次這個實驗。他們都沒有發現這類效應。對於所有測試過的物質來說，質量與重量完全成正比，誤差在十億分之一之內。這是非常了不起的實驗！

5-8　重力與相對論

　　另一個值得討論的題材，是愛因斯坦對牛頓的重力定律所做的修正。雖然牛頓當年發表重力定律乃劃時代的大事一樁，對科學影響之大，無與倫比，但是他這定律卻不夠正確！後來愛因斯坦加上相對論的考量，做了必要的修正。

　　根據牛頓的說法，重力的效應是瞬時的（instantaneous），意思是說，如果我們移動一件帶質量的物體，我們會立即感覺到新的力，因為物體的位置改變了。經由這個方式，我們即可以無限大的速率傳送訊息。然而愛因斯坦提出了論據，說明我們**傳送訊息的速率不可能大過光速**，因此重力定律一定出了問題。如果傳遞重力也需要時間，我們就必須修正重力定律，以便把這項因素考慮進來。如此一來，我們就得到了新的定律，它稱為愛因斯坦重力定律。這條新定律有個讓人相當容易瞭解的特色，那就是在愛因斯坦相對論裡，凡具**能量**者，必有質量。此處的質量，即是會受其他物體以重力吸引的意思。

　　甚至是光，因為具有能量，所以一樣有「質量」！當一束光打從太陽旁邊經過，由於光具有能量，會被太陽吸引，所以它走的不會是直線，而會產生偏折。因此在日食的時候，太陽周圍的恆星看起來會偏離原有的位置；太陽如果不在附近，這些恆星看起來會在另一個地方。這項理論預測已經為觀測所證實。★

　　最後讓我們比較一下重力定律跟其他理論。近年來，我們發現

世上所有質量都是由微小的粒子構成的，而且粒子之間有好幾種不同的交互作用，例如核力等等。不過我們還無法用這些核力或電力來解釋重力。我們目前還沒有考慮重力的量子力學面向。一般而言，在尺度很小的場合，我們就需要擔心量子效應；但是重力在小尺度下實在太弱了，以致於我們還不需要一個量子重力論。

　　不過另一方面，為了物理學理論的一致性，我們應該設法瞭解在愛因斯坦修正了牛頓理論之後，我們是否還需要修正愛因斯坦理論，以讓它符合測不準原理的要求。但這項修正工作，於今尚未完成。

＊中文版注：平常因為陽光太亮了，因此偏折的星光在地球上根本看不見。1919年，英國天文物理學家艾丁頓（Arthur Stanley Eddington, 1882-1944）率隊在西非外海的一個島上，利用日全食的機會觀測到星光偏折的現象，證實了愛因斯坦的理論。

第6堂課

量子行為

我們現在用來描述原子、

以及事實上所有物質的完整量子力學理論，

完全取決於測不準原理是否正確。

既然量子力學是如此成功的理論，

我們對於測不準原理的信心也就增強了。

測不準原理「保護」了量子力學。

6-1 原子力學

　　前面幾章裡，我們已經討論了一些非常重要的觀念，這些觀念對於瞭解光（或通稱為電磁輻射）的多數重要現象而言，是不可缺少的。（我們還留下一些特殊的主題在明年講授，特別是稠密材料的折射率以及全內反射的理論。）到目前為止，我們已經討論過的部分，叫做電波的「古典理論」，對於自然界中許許多多現象都能充分解說。我們還不必去憂慮，光能其實是成團塊狀或「光子」的事實。

　　我們接下來的主題，是比較大塊的物質的行為，比如說，它們的機械性質或熱性質。在討論到這些時，我們會發現，所謂「古典」（也就是老舊）理論幾乎一開始就行不通，因為物質畢竟都是由原子尺度的粒子構成的。然而我們將仍然只限於處理古典部分，因為這是唯一能夠根據大家學過的古典力學來解釋的部分。當然這樣做不會很成功，我們會發現就物質來說，我們很快就會碰上麻煩，這和光的情形不一樣。

　　當然我們也可以繼續閃避原子效應，不過我們還是決定在這一章先來一段插曲，敘述一下物質量子性質的基本概念，也就是原子物理的量子觀念。目的是讓大家對於我們一直還沒有討論的部分有些感覺，因為我們雖然暫時避開某些重要的題材，但還是無法避免接近這些題材。

　　所以我們即將**介紹**量子力學這個主題，但是並不意味著馬上就

要帶領大家仔細探討該主題，那得留待很久以後。

　　量子力學是一種描述方式，它所描述的是物質的一切行為，以及尤其是原子尺度上發生的事情。非常小尺度上的東西，與你可以有任何直接經驗的東西，完全不同。它們並不像波，也不像粒子，或者任何你看過的東西。

　　牛頓認為光是由粒子所組成的，但是後來人們發現光的行為和波一樣，就像我們在這裡看到的。然而更後來（在二十世紀開始之際），人們又發現光的確有時候像是粒子。歷史上，電子最初被認為是粒子，可是後來又被發現在很多情況下像是波。所以電子其實既不是波，也不是粒子。我們現在真的放棄了，我們說：「它**兩者都不是。**」

　　不過，還好我們運氣不錯，電子的行為就和光一樣。原子物體（電子、質子、中子、光子等等）的量子行為全部一樣，它們全都是「粒子波」（particle wave），或任何你要給它們的稱呼。因此我們所學到和電子行為有關的事情（這些將是我們的例子），也可以適用於所有的「粒子」，包括光的粒子。

　　關於原子與小尺度下行為的資訊，在二十世紀頭二十五年間慢慢累積起來，讓我們對於小東西的行為有些瞭解，但是也產生了愈來愈多的困惑；最後這些謎終於在 1926 與 1927 年間由薛丁格（Erwin Schrödinger, 1887-1961）、海森堡（Werner Heisenberg, 1901-1976）、玻恩（Max Born, 1882-1970）等人完全解決了。對於小尺度下物質的行為來說，他們終於得到了一種無內在矛盾的描述方式。我們將在本章說明那種描述方式的主要特徵。

　　原子行為和日常經驗非常不一樣，人們很難覺得習慣；對於每個人，無論是新手還是有經驗的物理學家來說，這些行為看起來都是奇怪且神祕的。甚至專家也覺得他們的瞭解還不夠，事實上，他們有這種感覺是很合理的，因為所有人類的直接經驗與直覺僅能適用於大物體，我們瞭解大物體的行為，但小尺度的東西就不是那樣子。所以我們必須用一種抽象或想像的方式來學習，而不是透過我們的直接經驗來學習。

　　我們在本章中將馬上面對神祕行為的基本要素，它以最奇怪的形式展現。我們選擇察視一個不可能、**絕對**不可能以任何古典方式來解釋的現象，它包含了量子力學的核心思想。事實上，它包含了量子力學**唯一**的奧祕。我們不能藉由「說明」這個現象，來解釋這個奧祕。我們只是**告訴**你它是怎麼回事。一旦告訴了你它是怎麼回事，我們就已經告訴了你所有量子力學的基本特色。

6-2 子彈實驗

　　為了嘗試瞭解電子的量子行為，我們將在特別的實驗安排中，把電子的行為與一般人更為熟悉的粒子（例如子彈）的行為，以及波（例如水波）的行為拿來比較與對照。

　　我們首先考慮子彈在圖 6-1 所示的實驗安排中的行為。我們有一挺能發射一連串子彈的機關槍，這挺機關槍不是很好，因為它會以相當大的角度讓子彈（隨機）四射，如圖所示。在機關槍之前，我們放了一堵牆（由裝甲做的），牆上有兩個孔，孔的大小剛好可

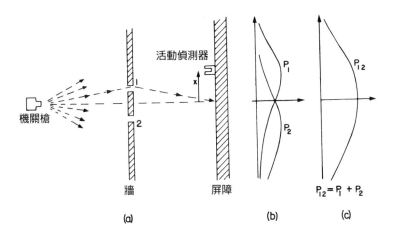

圖6-1　子彈的干涉實驗

以讓一顆子彈通過。在牆的後面有個屏障（例如一堵厚木牆）可以「吸收」撞上來的子彈。在屏障之前有個稱為子彈「偵測器」的物體，它可以是一個裝了沙子的盒子。任何進入偵測器的子彈會被阻擋下來，然後累積起來。只要我們有意願，就可以將盒子清光，計算它所捕捉到的子彈數目。偵測器可以來回移動（我們把移動的方向稱為 x 方向）。

　　有了這個裝置，我們就可以由實驗來回答以下的問題：「有一顆子彈通過牆上的孔，當它到達屏障時，它和（屏障）中心的距離為 x 的機率是什麼？」首先，你應該理解我們必須談論機率，因為我們無法明確的說任何特定子彈會往哪裡去。恰好撞到牆上兩孔之

一的一顆子彈，會從孔的邊緣彈出來，最後可能跑到任何地方。

　　我們所謂的「機率」，所指的是子彈進入偵測器的機會，我們可以計算在某時段內抵達偵測器的子彈數目，然後取這個數目與同一時段內打上屏障子彈的**總**數相比，這樣的比值就能測量出子彈跑進偵測器的機率。假如機關槍在測量時段內永遠以相同頻率射出彈，則我們所要的機率與某標準時段內抵達偵測器的數目成正比。

　　就我們的目的來說，我們將設想一個有點理想化的實驗，其中的子彈不是眞的子彈，而是**不可摧毀的**子彈，它們不能斷成一半。我們在實驗中發現，子彈永遠一個個完整的到達，而且當我們在偵測器中發現了東西的時候，總是一顆完整的子彈。如果機關槍發射子彈的頻率很低，我們發現在任何時刻要不就是沒有東西到達，要不就是有一顆子彈，而且恰好只有一顆子彈到達屏障。此外，（到達的）那一塊東西的大小當然與機關槍的發射頻率沒有關係。我們會說：「到達的子彈**永遠**是相同的塊狀物體。」

　　我們用偵測器所測量的是塊狀物體抵達的機率，而且我們把機率當作 x 的函數來測量。以這種裝置所做的這類實驗所得的結果（我們還沒有做這種實驗，所以我們其實只是在想像結果），顯示於圖6-1(c)。我們把機率畫在圖的右邊，x 是垂直的，這樣子 x 的尺度才會符合裝置圖。我們稱這個機率爲 P_{12}，因爲子彈可能穿過1號孔，也可能穿過2號孔。

　　你應該不會訝異於 P_{12} 在圖中央很大，但是如果 x 非常大，則 P_{12} 很小。不過，你可能會覺得奇怪，爲什麼 P_{12} 的最大值出現於 $x = 0$。我們只要將2號孔蓋起來，然後重做實驗；接著換成把1號

孔蓋起來，然後再做一次實驗，這樣子就可以瞭解為什麼 P_{12} 的最大值出現在中央。當 2 號孔蓋起來時，子彈只能從 1 號孔通過，實驗的結果就是 P_1 的曲線，見圖 6-1(b)。就像你可以預期的，P_1 最大值出現的 x 位置會和機關槍以及 1 號孔連成一線。如果 1 號孔封了起來，實驗的結果就是如圖所示的 P_2 曲線，P_1 與 P_2 相對於中心而言是對稱的。P_2 是通過 2 號孔的子彈的機率分布。比較圖 6-1 的 (b) 與 (c)，就得到以下的重要結果：

$$P_{12} = P_1 + P_2 \tag{6.1}$$

我們只是把兩個機率相加起來。兩個孔都打開的效應，是每個孔單獨打開的效應之和。我們稱這是一個「**沒有干涉**」的觀測，你等一下就知道我們為什麼這麼稱呼。我們對於子彈的討論就到此為止。它們是一塊塊來的，而且抵達的機率沒有表現出干涉。

6-3　波的實驗

我們現在要考慮一個水波的實驗，裝置如次頁的圖 6-2 所示。我們有個淺水槽，一個標定為「波源」的小物體受到馬達上下輕輕搖動而製造出圓形波。在波源右邊，我們再次有堵牆，牆上有兩個孔；在更右邊有第二堵牆，為了讓事情單純，這第二堵牆是個「吸收器」，波碰上了它就不會反射回來。我們可以用平緩的沙「灘」來當這第二堵牆。

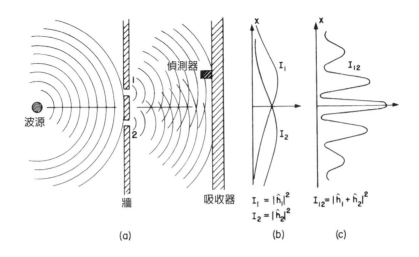

圖6-2　波動的干涉實驗

　　我們在沙灘之前放了一個可以在 x 方向來回運動的偵測器，和前面一樣。現在的偵測器是個可以測量波動「強度」的裝置。你可以想像一種測量波動高度的東西，只是我們將這東西的標度校準成與波動高度的**平方**成正比，這樣子測量出來的讀數就正比於波的強度。所以偵測器的讀數就正比於波所攜帶的**能量**，或者應該說是能量進入偵測器的流率。

　　有了這個波動裝置，我們首先要注意的是，強度可以是**任意**大小。如果波源稍微上下移動一下，那麼偵測器那裡就會出現一點波動，當波源上下的移動更大，偵測器處的波動強度就更高，所以波的強度可以是任何值。我們**不會**說波動強度中有任何「成塊」的現象。

現在,我們就來測量各個 x 值所對應的強度(讓波源保持以相同的方式運作);我們所得到的是圖6-2(c) 中看起來很有趣的曲線 I_{12}。

我們以前討論電磁波干涉的時候,已經研究出這種圖樣是怎麼來的。在這個情況,我們會觀測到原來的波在孔的位置繞射,然後新的圓形波再從每個孔擴展開來。我們如果一次蓋住一個孔,並且測量吸收器上的強度分布,會發現相當簡單的強度曲線,如圖6-2(b) 所示。I_1 是從 1 號孔所發出波的強度(這時 2 號孔是蓋起來的),而 I_2 是從 2 號孔所發出波的強度(這時 1 號孔是蓋起來的)。

當兩個孔都開放時所觀測到的強度 I_{12},當然**不是** I_1 與 I_2 之和,我們說這時兩個波有「干涉」現象。這兩個波在有些地方(曲線 I_{12} 有最大值時)是「同相」,這時波峰相加而得到更大的振幅,也因此有更高的強度。我們說這兩個波在這種地方有「建設性干涉」。每當偵測器離一個孔的距離比離另一個孔的距離長(或短)了波長的整數倍時,就會產生這種建設性干涉。

如果兩個波在到達偵測器的時候,相位差是 π(也就是兩個波「異相」),它們在偵測器所造成的波動就是兩振幅之差;這樣的兩個波有「破懷性干涉」,波的強度比較低。每當偵測器離一個孔的距離與離另一個孔的距離相差了半波長的奇數倍時,我們就預期有較低的強度。圖6-2中較小的 I_{12} 值就對應到兩個波有破懷性干涉的地方。

你還記得 I_1、I_2 與 I_{12} 的定量關係可以這麼表示:來自 1 號孔的水波抵達偵測器時的瞬時高度可以寫成 $\hat{h}_1 e^{i\omega t}$(的實部),其中的

「振幅」$\hat{h}_1$一般而言是個複數。波的強度與高度平方的平均值成正比，或者如果我們使用複數的話，波的強度與$|\hat{h}_1|^2$成正比。同樣的，來自2號孔的水波的瞬時高度是$\hat{h}_2 e^{i\omega t}$，而強度與$|\hat{h}_2|^2$成正比。如果兩個孔都是開放的，水波的高度加起來是$(\hat{h}_1 + \hat{h}_2)e^{i\omega t}$，強度與$|\hat{h}_1 + \hat{h}_2|^2$成正比。就我們的目的而言，比例常數可以省略，所以**相互干涉的波**滿足以下的關係：

$$I_1 = |\hat{h}_1|^2, \qquad I_2 = |\hat{h}_2|^2, \qquad I_{12} = |\hat{h}_1 + \hat{h}_2|^2 \qquad (6.2)$$

　　你會注意到，這個結果和子彈實驗的結果(1.1)式大不相同。假如我們展開$|\hat{h}_1 + \hat{h}_2|^2$，就得到

$$|\hat{h}_1 + \hat{h}_2|^2 = |\hat{h}_1|^2 + |\hat{h}_2|^2 + 2|\hat{h}_1||\hat{h}_2|\cos\delta \qquad (6.3)$$

其中的δ是$\hat{h}_1$與$\hat{h}_2$之間的相位差。以強度來表示，上式就成為

$$I_{12} = I_1 + I_2 + 2\sqrt{I_1 I_2}\cos\delta \qquad (6.4)$$

(6.4)式的最後一項是「干涉項」。我們對於水波的討論就到這裡。波的強度可以有任意值，而且會展現干涉效應。

6-4　電子實驗

　　我們現在來想像一個以電子進行的類似實驗，見圖6-3。我們造出一枝電子槍，它基本上是電流加熱的鎢絲，四周用一個有孔的金屬箱子包起來。如果鎢絲相對於金屬箱子是處於負電壓，則鎢絲

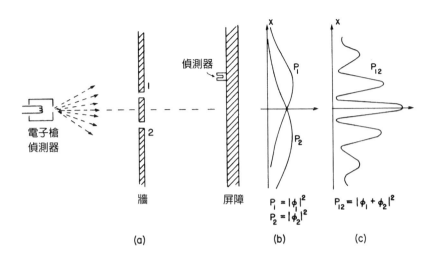

牆　　　屏障

$P_i = |\phi_1|^2$
$P_2 = |\phi_2|^2$

$P_{12} = |\phi_1 + \phi_2|^2$

(a)　　　　(b)　　　　(c)

圖6-3　電子的干涉實驗

發射的電子會往金屬壁加速前進，有些電子會從孔穿出去。所有從電子槍出來的電子會有（幾乎）相同的能量，槍的前面有一堵牆（只是一片薄金屬板），其中有兩個孔。在牆的後面有另一片金屬板，可以充做「屏障」。在屏障之前，我們放一個可移動的偵測器。偵測器可以是一個連接到擴音器的蓋革計數器（Geiger counter），或可以是更好的電子倍增器（electron multiplier）。

　　我們必須馬上聲明，你不應該嘗試去做這個實驗（就像你可能已經去做了前面所描述的兩個實驗）。從來沒有人用這種方式做過這個實驗，問題出在實驗裝置必須小到不可能的地步，才能顯現出我們感興趣的效應。所以我們所做的是個「想像實驗」（thought experiment），我們選擇這個實驗的原因是它很容易想像。我們知道實驗的結果**會是**什麼樣子，因為人們**已經做過**很多實驗，這些實驗的尺度與比例已經被選定成可以展現我們將描述的效應。

我們從這個電子實驗所注意到的第一件事，是從偵測器（亦即擴音器）所聽到尖銳「答」聲；所有的「答」聲都是一樣的，**沒有**「半個答聲」這種情況。

我們也注意到這些「答」聲來得很沒有規則，像是：答……答答…答……答…答答……答…等等，就好像你已經聽過運作中的蓋革計數器那樣。如果我們在相當長的一段時間，例如數分鐘內，去數這些答聲，然後再在另一段相同時間內去數，我們會發現兩個數字幾乎相等，所以我們就可以談論所聽到答聲的**平均頻率**（平均起來每分鐘有多少個答聲）。

當我們移動偵測器，答聲出現的**頻率**會變快或變慢，但每個答聲的大小（響度）永遠是相同的。如果我們降低槍中鎢絲的溫度，答聲的**頻率**就會下降，但是每一個答聲還是一樣的。我們也注意到，如果在屏障上兩處分別擺上兩個偵測器，則每次只有**其中一個**會響起來，但絕對不會兩個同時響。（除了有時候，兩個答聲可能在時間上相距很近，我們的耳朵或許無法辨別兩者。）因此，我們的結論是，無論是什麼東西跑到屏障上，它們抵達的時候都是成塊的「塊狀物體」，所有的「塊狀物體」都是同樣的大小：只有整個「塊狀物體」會抵達，而且它們是一次只有一個到達屏障。我們會說：「電子永遠以相同的塊狀物體抵達。」

就好像先前子彈的實驗，我們現在可以開始從實驗上去回答以

下的問題：「什麼是一個電子『塊』會到達屏障上離中心各種 x 距離處的相對機率？」和以前一樣，我們可以在不變動電子槍運作的狀況下，藉由觀測答聲出現的**頻率**來得到相對機率。塊狀物體抵達某一特定 x 處的機率是與答聲在 x 出現的平均**頻率**成正比。

　　實驗的結果是圖6-3(c) 所示的有趣曲線 P_{12}。是的！這就是電子的運動方式。

6-5　電子波的干涉

　　現在我們來試著分析圖6-3的曲線，看看我們是否能夠理解電子的行為。我們會說的第一件事就是，既然電子以塊狀物體抵達，那麼每塊物體，我們或許乾脆就稱它們為電子，一定是從1號孔或2號孔穿過來。我們把這個看法寫成一種「命題」：

命題A：每個電子**若不是**通過1號孔，**就是**通過2號孔。

　　假設命題A是對的，那麼所有抵達屏障的電子就可以分成兩類：(1) 從1號孔通過的，以及 (2) 從2號孔通過的。所以我們所觀測到的曲線，必然是從1號孔通過的電子以及從2號孔通過的電子的總效應。我們就用實驗來檢驗這個想法。首先，我們來測量通過1號孔的電子。把2號孔封起來，然後數偵測器的答聲；我們從這個答聲頻率得到 P_1。圖6-3(b) 中 P_1 曲線顯示了測量的結果。這個結果看起來還算合理。我們用同樣的方法來測量 P_2，從2號孔通過的

電子的機率分布。這個測量的結果也顯示於圖中。

當**兩個**孔都開放之時所得到的 P_{12}，顯然不是每個孔單獨的機率 P_1 與 P_2 之和。這和我們的水波實驗類似，因此我們說：「這當中發生了干涉」。

$$\text{對電子來說：} \quad P_{12} \neq P_1 + P_2 \qquad (6.5)$$

這樣的干涉是怎麼來的？或許我們應該說：「這應該是意味著塊狀物體通過1號孔或2號孔的講法是**錯誤**的，因為如果它們真是如此，則機率必須相加。或許它們以更複雜的方式通過，例如它們分裂成兩半……」但不是這樣的！它們不可以這樣，它們永遠以塊狀物體抵達……「嗯，說不定它們有些通過1號孔，然後這些電子繞過來通過2號孔，然後再繞幾圈，或者走其他某種更複雜的路徑……然後把2號孔封起來，我們就改變了從1號孔**出來**的電子最後會抵達屏障的機會……」但是請注意！屏障上有些地方在**兩個孔都**開放的時候只會接收到很少的電子，但是在我們封閉一個孔時，卻收到很多電子，所以**封閉**一個孔會**增加**來自另一個孔的電子數目。不過請注意，在機率分布圖樣的中心點處，P_{12} 比 $P_1 + P_2$ 的兩倍還大，這就像是說，關掉一個孔會**減少**通過另一個孔的電子數，想要用電子以複雜的路徑運動來同時解釋這**兩種**效應，似乎很難。

這一切都相當神祕，你愈看它，它就似乎愈神祕。人們嘗試過很多點子來解釋 P_{12} 曲線，這些點子假設了個別電子是以複雜的方式繞過兩個孔，但沒有一個成功，沒有一個點子能夠從 P_1 與 P_2 來得到正確的 P_{12} 曲線。

可是，非常奇怪的，把P_1與P_2以及P_{12}連繫起來的**數學**極爲簡單，因爲P_{12}看起來就像是圖6-2中的I_{12}曲線，而**那**是非常簡單的。我們可以用兩個複數$\hat{\phi}_1$與$\hat{\phi}_2$（它們當然是x的函數）來描述發生於屏障上的事。複數$\hat{\phi}_1$絕對值平方描述的是我們只開放1號孔時的效應，也就是$P_1 = |\hat{\phi}_1|^2$，同樣的，$\hat{\phi}_2$絕對值平方描述了只開放2號孔時的效應，也就是$P_2 = |\hat{\phi}_2|^2$，而兩個孔都開放時的合併效應就只是$P_{12} = |\hat{\phi}_1 + \hat{\phi}_2|^2$。這個**數學**和我們在水波實驗中所碰到的數學是一樣的！（這個結果實在簡單，但是電子以某種奇異的軌跡從兩個孔穿出穿入，我們很難想像如何從這種複雜的方式來得到這樣的結果。）

我們的結論如下：電子以塊狀物體的形式抵達，如同粒子一樣，但是這些粒狀物抵達的機率分布，就好像是波的強度分布。因爲這樣，我們才會說電子的行爲「有時候像是粒子，有時候像是波」。

附帶一提，我們在處理古典波的時候，將**強度**定義成波振幅平方對於時間的平均，同時我們把複數當成數學技巧來使用，以簡化分析；但是在量子力學中，事實上，機率幅（probability amplitude）**一定**得用複數來表示，單使用複數的實數部分是不行的。在目前，這一點只是技術性問題，因爲公式看起來一模一樣。

既然穿過兩個孔而抵達的機率是如此簡單，儘管它並不等於$(P_1 + P_2)$，一切所能說的就是這樣了。但是大自然的確以這種方式運作，這項事實牽涉到很多微妙的事情。我們現在要告訴你一些這類的微妙之處。首先，既然到達某一點的電子數目**不**等於通過1號

孔的數目加上通過 2 號孔的數目，這是命題 A 的結論，因此毫無疑問的，我們必須認定**命題 A 是錯的**，電子**若不是**通過 1 號孔**就是**通過 2 號孔，這種講法**不正確**。但是，這個結論要用另一個實驗來加以驗證。

6-6 觀看電子

我們現在要嘗試以下的實驗。我們在實驗裝置上附加一個非常強的光源，這光源是在牆之後、兩孔之間，如圖 6-4 所示。我們知道電荷會散射光，所以當電子通過時，無論它在往偵測器的路上是如何從牆通過的，電子會將一些光子散射進我們的眼睛，我們就可以**看到**電子怎麼前進的。例如，如果電子的軌跡通過 2 號孔，如圖 6-4 所示，我們應該看到一閃光來自圖中 A 點附近，而如果電子通過 1 號孔，則我們預期會看到來自 1 號孔附近的閃光。如果我們竟然看到同時來自兩個地方的光，因為電子分裂成兩半⋯⋯我們就先做實驗吧！

我們所看到的是這樣子：我們**每回**聽到來自電子偵測器的一聲「答」時，**也會看到**，若不是 1 號孔附近、**就是** 2 號孔附近的閃光，但是**絕不會**看到同時來自兩孔的閃光！我們從這種觀測所下的結論是，當我們看到電子之時，發現電子如果不是從這個孔通過，就是從那個孔通過。實驗上，命題 A 必須是**真**的。

那麼一來，我們**反對**命題 A 的論證，錯在哪裡？為什麼 P_{12} 並不等於 $P_1 + P_2$？回到實驗！讓我們追蹤電子，看看它們到底在做

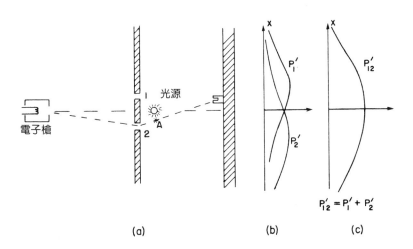

圖6-4　不同的電子實驗

什麼。對於偵測器的每個位置（x位置）來說，我們會數抵達的電子，**並且**藉由所看到的閃光來追蹤它們到底穿過哪個孔。我們可以用底下的方式來記錄：每當我們聽到一聲「答」，而且在1號孔附近看到閃光，我們便在第一欄記下一筆，如果在2號孔附近看到閃光，我們則在第二欄記下一筆。我們將所有到達的電子分成兩類：第一類通過1號孔，第二類則通過2號孔。我們從第一欄所記錄的數目，得到電子會經過1號孔而抵達偵測器的機率 P'_1，同時從第二欄所記錄的數目，得到電子會經過2號孔而抵達偵測器的機率 P'_2。如果我們對於不同的x值，重複這種測量，就得到了圖6-4(b)所示的曲線 P'_1 與 P'_2。

　　嗯，這並不太令人驚訝！我們得到的 P'_1 相當類似於先前把 2 號孔封起來而得到的 P_1，P'_2 也很類似於把 1 號孔封起來而得到的 P_2；所以並**沒有**任何複雜的情況，例如同時從兩個孔通過。當我們在看電子的時候，它們就以我們預期的方式通過。無論 2 號孔是封閉的或是開放的，我們看到從 1 號孔通過的那些電子，其分布方式不會有任何改變。

　　可是等一下！那麼**現在**的**總機率**──電子藉由任何路徑抵達的機率，會是什麼呢？我們已經有了所需的資訊。我們只要假裝從不去看閃光，並且把以前區分成兩類的偵測器所發出的「答」聲次數合併起來，我們**必須**只把數目**加**起來。我們發現，電子會從兩孔之一通過而抵達屏障的機率 P'_{12}，的確等於 $P'_1 + P'_2$。換句話說，雖然我們成功的看到了電子從那個孔通過，卻再也得不到干涉曲線 P_{12} 了，而是得到新的、沒有顯現干涉的 P'_{12}！可是如果我們拿掉光，干涉曲線 P_{12} 又會出現。

　　我們必須推**斷**，**當我們在看電子的時候**，它們在屏障上的分布不同於我們不去看電子時的分布。或許將光源打開這回事干擾了原來的狀況？電子一定是非常細緻精巧，以致於當光從電子散射出來時，光推了一下電子，而改變了電子的運動。我們知道光的電場會對電荷施力，所以或許我們**應該**預期電子的運動會受到影響。因為我們試著去「看」電子，因此改變了電子的運動。也就是說，當光子為電子散射出來時，使得電子搖了一下，以致於電子運動的變化足以讓原本**或許**會跑到 P_{12} 最大值之處的電子，卻跑到了 P_{12} 的最小值之處。這就是為何我們不再看到波狀的干涉效應。

　　你或許會想：「不要用那麼亮的光！把亮度調低一點！這麼一來，光波就會弱一些，比較不會太干擾了電子。當然只要光愈來愈暗，光波終究會弱到沒有什麼效應。」好，我們就來試試。我們首先注意到，從電子通過時所散射出來的閃光並**不會變弱**。**閃光永遠是同樣的大小**。當光愈來愈暗時，唯一會發生的事情是，我們有時候會聽到來自偵測器的「答」聲，卻**完全沒有看到閃光**；通過的電子完全沒有「被看到」。我們所觀測到的是光，行為**也**和電子一樣；我們**以前就知道**光是「波狀的」，但是現在我們發現光也是「塊狀的」。光總是以叫做「光子」的塊狀物抵達，或者被散射。當我們把光源的**強度**調低時，我們並沒有改變光子的**大小**，我們只是改變它們發射的**速率**。**這就是**為什麼當光源很微弱的時候，有些電子會沒被看見，因為電子通過的時候，剛好沒有光子在附近。

　　這些都有點令人沮喪。如果每當我們「看到」電子的時候，我們都是看到同樣大小的閃光，那麼我們所看到的電子就**永遠**是受到干擾的電子。無論如何，我們用微弱的光來做實驗看看。現在每當我們聽到偵測器的「答」聲時，我們將結果分成三類紀錄：第一欄記錄的是在 1 號孔所看到的電子，第二欄記錄的是在 2 號孔所看到的電子，第三欄記錄的是完全沒被看到的電子。一旦我們把數據整理出來（把機率算出來），我們會得到以下的結果：那些「在 1 號孔被看到」的電子，分布類似 P'_1；那些「在 2 號孔被看到」的電子有類似 P'_2 的分布（所以「在 1 號孔或 2 號孔被看到」的電子有類似 P'_{12} 分布）；而那些「完全沒被看到」的電子則有類似圖 6-3 中 P_{12} 的「波狀」分布！**如果電子沒被看見，我們就有干涉效應！**

　　這是可以理解的，當我們沒有看到電子，就沒有光子干擾它，但是一旦我們看到了電子，它就受到光子的干擾。每次干擾的程度都是一樣的，因為所有的光子都會產生同樣大小的效應，而光子散射的效應已足以抹殺干涉效應。

　　難道沒有**某種**辦法，讓我們可以在不干擾電子的情況下看到電子嗎？我們以前學過，「光子」所帶的動量與波長成反比（$p = h/\lambda$）；當光子往我們眼睛散射過來時，電子受搖動的程度當然會取決於光子所帶的動量。啊哈！如果我們只想輕微的干擾電子，我們應該降低的不是光的**強度**，而是應該降低其**頻率**（這與增加其波長是一樣的）。我們就用紅一點的光，甚至是紅外光或無線電波（像雷達），並且利用能夠「看到」這些長波長電磁波的某種儀器來「看」電子跑到哪裡去。我們如果用了「較溫和」的光，就比較不會干擾到電子。

　　我們就用波長較長的光來做實驗。我們將重複的做實驗，但是每次實驗都讓波長變長一些。起初似乎什麼也沒改變，結果還是一樣，可是接下來事情就糟糕了。你記得我們在討論顯微鏡時曾指出，由於光的波動性，兩點不能靠得太近，否則就不能被區分開來；兩個點最靠近而又能被區分開來的距離約是光的波長。所以現在當我們讓波長比兩個孔之間的距離更長時，一旦光被電子散射，我們就會看到一道**很大**的模糊閃光，我們再也弄不清楚電子到底通過哪個孔！我們僅知道它是從某個地方通過！只有在這種光的顏色（波長）之下，我們才會發現，電子所受到的干擾足夠小到讓 P'_{12} 開始看起來像 P_{12}，我們才會開始看到一些干涉效應。只有當波長大

過兩孔的距離時（我們沒有機會知道電子是怎麼跑的），來自光的干擾才夠小，我們才能得到圖6-3所示的P_{12}曲線。

我們從實驗中發現，利用光來辨認電子從哪個孔通過，同時又不至於干擾到干涉現象，這是不可能的。首先瞭解這一點的是海森堡，他認為除非我們的實驗能力受到某種以前未曾認知的基本限制，不然當時發現不久的新自然定律（量子力學）就會出現矛盾。他提出了**測不準原理**（uncertainty principle）做為普遍原理，用我們的實驗來說這個原理的意思是：「我們不可能設計出一種裝置，既可以決定電子從哪個孔通過，又可以不過於干擾電子、讓干涉圖樣保留下來。」如果有個裝置能夠決定電子從哪個孔通過，它就**不會**太精巧細緻，因為如此一來就可以不怎麼干擾到干涉圖樣。至今還沒有人能找出（或甚至想到）逃過測不準原理的辦法，所以我們必須假設這個原理的確描述了自然的一種基本特性。

我們現在用來描述原子（以及事實上所有物質）的完整量子力學理論，完全取決於測不準原理是否正確；既然量子力學是如此成功的理論，我們對於測不準原理的信心也就增強了。然而一旦出現一種「打敗」測不準原理的方法，量子力學就會得到矛盾的結果，也就無法成為描述自然的正確理論而遭拋棄。

「嗯，」你會說：「那麼命題A究竟是對還是錯呢？電子到底**是不是**從1號孔或2號孔通過呢？」我們所能給的唯一答案是，我們從實驗發現必須以某種特別的方式思考，以免陷入矛盾之中。我們必須這樣子說（以免下出錯誤的預測）：如果我們在**觀看**孔洞，或者更精確的說，我們有個儀器可以決定電子是從1號孔或者2號

大尺度物體的干涉現象

　　如果所有物質的運動和電子一樣必須用波來描述，那麼我們頭一個實驗會怎麼樣呢？我們為什麼在那裡看不到干涉現象呢？

　　其實子彈的波長非常短，以致於干涉圖樣非常精細；事實上，它精細到我們無法用任何有限大小的偵測器來區分最大值與最小值。我們看到的其實是一種平均，也就是古典曲線。

　　我們試著用圖6-5來約略表示大尺度物體的行為；圖6-5(a)顯示了量子力學所可能預測的子彈機率分布。快速起伏所代表的是波長極短情況下的干涉圖樣。然而，任何實際的偵測器都會跨過機率曲線中的數個起伏，因此測量的結果是圖6-5(b)所畫的平滑曲線。

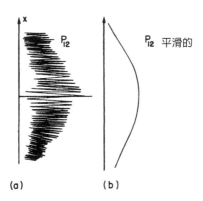

圖6-5　子彈的干涉圖樣：(a) 實際的情況（概圖），(b) 觀測到的情況。

孔通過，那麼我們就**可以**說它是從1號孔或2號孔通過。**但是**，當我們並**沒有**試著要去知道電子到底怎麼走的時候，則我們就**不能**說電子是從1號孔或2號孔通過。如果我們真的這麼說，並且從這個講法去推論，我們的分析就會犯錯。我們如果想成功的描述自然，就必須走在這條邏輯的鋼絲上。

6-7 量子力學第一原理

我們現在扼要的寫下這一章所討論實驗的主要結論；不過我們會將結果以較一般性的形式來表示，好讓它們也適用於一般此類的實驗。首先我們定義一種「理想」實驗，這種實驗沒有不確定的外來影響，也就是沒有晃動或其他我們無法考慮的因素。我們這樣講比較精確：「理想實驗是一種所有初始狀態與終止狀態都完全講清楚了的實驗。」一般而言，我們所謂的「事件」只是一組明確的初始與終止狀態。（舉例來說：「一個電子離開電子槍，抵達偵測器，其他什麼事也沒發生。」）好了，以下是我們的摘要：

摘　要

(1) 理想實驗中，一事件的機率等於一個複數 ϕ 絕對值的平方，這個複數 ϕ 稱為機率幅：

$$P = \text{機率}$$
$$\phi = \text{機率幅}$$
$$P = |\phi|^2$$

(6.6)

(2) 當事件能夠以幾種不同的方式發生時，這事件的機率幅等於
　　每種方式在個別考慮之下的機率幅之和。干涉的情形會發
　　生：

$$\phi = \phi_1 + \phi_2$$
$$P = |\phi_1 + \phi_2|^2 \qquad (6.7)$$

(3) 如果我們可以做一項實驗，來決定事件是以各個方式中的哪
　　一種方式進行的，則事件的機率是各個方式的機率之和。
　　干涉的情況就不見了：

$$P = P_1 + P_2 \qquad (6.8)$$

　　有人可能還是要問：「這到底怎麼一回事？什麼是定律背後的機制？」其實沒有人找到過這些定律背後的任何機制，任何人的「解釋」都不會比我們剛剛的「解釋」更好。就這個狀況而言，沒有人可以給你任何更深刻的描述。我們不知道有任何更基本的機制可以拿來推導出這些結果。

　　我們想強調古典力學與量子力學之間很重要的一點差異。我們一直在談論電子在某種情況下抵達的機率，而且暗示了在我們的實驗安排（或甚至是最好的安排）之下，要精確預測會發生什麼事是不可能的，我們只能預測機率而已！如果真是如此，這就意味著物理放棄了試著要精準的預測在特定狀況下會發生什麼事。是的！物理**已**經放棄了！**我們不知道如何預測在特定狀況下會發生什麼事，**

而且我們相信那是不可能的，我們只能預測不同事件的機率。你們必須體認到對於我們以前想瞭解自然的理想而言，這是一種撤退；我們可能向後退了一步，但是沒人能找到避開這麼做的法子。

　　人們有時候會嘗試一種想法來避免我們所給的描述，我們現在來談一下這個想法，它是這樣子的：「或許電子有某種我們還不知道的內在結構，某種內在變數。或許這就是我們無法預測會發生什麼事情的原因。如果我們能更仔細的研究電子，就可以知道它會跑到哪裡去。」但是就我們目前所知，這是不可能的，我們還是會遇上困難。如果我們假設電子內部有某種機制可以決定它將往哪裡跑，那麼這個機制必須**也能**決定它在路上會通過哪個孔。

　　然而我們不能忘記電子內部的東西不應該取決於**我們**的作為，尤其是不能取決於我們是否打開或關閉其中一個孔。所以如果一個電子在出發之前就已經決定了 (a) 它要從哪個孔經過，以及 (b) 它最後要停在哪裡，我們就應該發現，選擇 1 號孔的電子有 P_1 的機率，而選擇 2 號孔的電子有 P_2 的機率，**而且**所有這些經由這兩個孔抵達的電子**必須**有 $P_1 + P_2$ 的機率。我們似乎沒有辦法避開這個結論。但是實驗的結果已經證明情況不是這樣子的，而且沒有人曾拿出可以解決這個難題的辦法。所以目前我們**必須**把自己局限於只計算機率而已。

　　我們雖然說的是「目前」，但是卻強烈懷疑我們永遠只能這樣了，也就是永遠無法打敗這個難題，自然真的**就是**這樣子。

6-8　測不準原理

　　海森堡最初是這麼敘述測不準原理的：你如果對任何物體做測量，假設對於其動量的 x 分量而言，你測量結果的不準量是 Δp，那麼對於這個物體的 x 位置而言，你測量結果的不準量不可能比 $\Delta x = h/\Delta p$ 來得小；這裡的 h 是普朗克常數，其值大約是 6.63×10^{-34}（單位是焦耳-秒）。一個粒子於任何時刻的位置不準量與動量不準量的乘積必須大於普朗克常數；這是測不準原理的一個特例。我們上面已經討論過這原理較爲一般性的敘述方式；這個更爲一般性的敘述是：我們不可能設計出一種裝置，來決定在兩種不同路徑之中，哪一條路徑受採用了，而且不會同時摧毀了干涉圖樣。

　　我們現在用一個特殊例子來證明，海森堡的這種測不準關係必須成立，才能避免麻煩。假設我們修改圖6-3的實驗，把有孔的牆變成是架在滾筒上的平板，以便讓牆能夠自由的上下（在 x 方向）運動，如圖6-6所示。我們如果仔細觀察平板的運動，就可以試著推敲出電子從哪個孔通過。

　　假設偵測器是放在 $x = 0$ 的位置，我們來設想一下會發生什麼事。我們會期待平板一定讓通過1號孔的電子向下偏轉，這樣子電子才能進入偵測器。既然電子動量的垂直分量改變了，平板一定會以相反的動量朝另一方向反衝，等於說平板會被電子往上踢了一下。如果電子從2號孔通過，則平板會感覺到被往下踢了一下。很明顯的，對於偵測器的每個位置來說，平板在電子通過1號孔時所

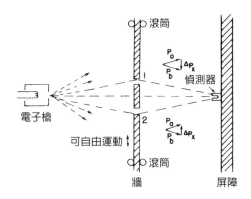

圖6-6　測量牆的反衝作用的實驗

收到的動量，不同於電子通過2號孔時平板所收到的動量。所以，在**完全沒有**干擾到電子，而只是觀察**平板**的情況下，我們就可以知道電子所經過的孔！

　　但是我們如果要得到結果，必須知道平板在電子通過之前的動量，這樣子一來，一旦我們測量出平板於電子通過之後的動量，就能夠算出平板動量改變了多少。但是請注意，根據測不準原理，我們將無法同時也非常精準的知道平板的位置。但如果我們不是非常清楚平板到底在**哪裡**，我們就不能精確知道兩個孔的位置，也就是說對於每個通過的電子而言，孔都會在不同的位置。這意味著對於每個電子來講，干涉圖樣的中心點會落於不同的位置，因此干涉圖樣的高低起伏會變得模糊。我們將在下一章＊以定量的方式說明，如果我們足夠精確的決定出平板的動量，因而能夠從反衝動量得知

電子通過哪個孔，那麼根據測不準原理，平板在 x 位置上的不準量將足以讓偵測器所觀測到的干涉圖樣在 x 方向上移動，移動的距離約等於從一最大值到其最鄰近的最小值。這種隨機的移動已足以抹掉干涉圖樣，所以我們將看不到干涉。

測不準原理「保護」了量子力學。海森堡認知到，如果我們能夠同時以更高的準確度測量出動量與位置，則量子力學就垮了。所以他提議說，這是不可能的。然後人們開始設法找出打敗測不準原理的辦法，但是從來沒有人能想出辦法，以任何更高的準確度來測量任何東西的位置與動量，包括屏幕、電子、撞球、任何東西。至今量子力學仍維持在岌岌可危的狀態，但依舊正確。

★ 中文版注：請參閱《費曼物理學講義 III：量子力學（1）量子行為》的第 2 章〈波動觀與粒子觀的關係〉。

附錄

附錄一
最偉大的教師
── 《費曼物理學講義》紀念版專序

　　費曼教授垂暮之年，他的盛名早已超越科學的藩籬。他在擔任
「挑戰者號」太空梭失事調查委員會成員期間的成就，帶給他廣泛
的新聞曝光機會。同樣的，一本關於他早年遊蕩冒險經歷的暢銷
書，則使得他成為一位幾乎與愛因斯坦齊名的民間英雄。但是早在
1961 年，或是在他因為榮獲諾貝爾獎（1965 年）而在大眾心目中知
名度起飛之前，費曼在科學界已經不只是著名而已，簡直就是傳奇
人物了。當然，他在教學上那極為出色的本事，也有助於傳播並充
實了理查・費曼的傳奇。

　　他是一位真正偉大的教師，很可能是他自己那個時代以及我們
這個時代的教師中最偉大的一位。對費曼來說，講堂就是戲院，教
師就是演員，在負責傳遞事實與數據之餘，還必須提供戲劇性場面
和聲光效果。他會在教室前面來回走動，同時揮舞著雙臂。

　　《紐約時報》曾這麼報導：「他是理論物理學家加上馬戲班的
吆喝招徠員的一個不可思議的組合。各式各樣的肢體語言與聲效，
能用的全給他用上啦！」。不論他的演講對象是學生、同事或是一

般民眾，對於有幸親身見識費曼演講的人來說，這種經驗通常都是不同凡響的，而且是永難忘懷的，就像費曼本人給人的印象一樣。

只此一家，別無分號

費曼是創造高度戲劇效果的高手，很能吸引講堂中每一位聽眾的注意力。許多年以前，他開了一門高等量子力學課，聽講人數眾多，其中除了少數幾個註冊修學分的研究生之外，幾乎整個加州理工學院的物理教師全到齊了。有一堂課，費曼開始解釋如何用圖畫來代表某些複雜的積分：這根軸代表時間，那根軸代表空間，一條扭動的線取代了這條直線，等等。在描述完一幅物理學裡所謂的費曼圖後，他轉過身來，面對著滿屋子聽眾，一臉頑皮的露齒而笑，大聲說道：「而這就是那鼎鼎有名的圖！」費曼說的這句話，就是該場演講的結尾，整間講堂立即爆出轟然掌聲。

在他如期教完一次加州理工學院大學部新生的物理課程，並隨即把所講解的內容編輯成了這部教科書《費曼物理學講義》之後，在很多年內，費曼仍不時應邀到新生物理課去客串講課。當然，每回他去開講，事前都得嚴守祕密，免得屆時講堂過分擁擠，修課的學生反而找不到位子。

有一回費曼去演講彎曲時空，他的表演照常是非常傑出的，只是這一次，令人難忘的一幕出現在演講的開場白裡面。當時超新星1987 剛被人發現，費曼異常興奮。他說：「第谷有他的超新星，克卜勒也有他的超新星。接下來四百年，再也沒有其他超新星出現，如今，我終於也有了我的超新星！」

　　此時，教室裡是一片寂靜，費曼接著說：「我們這個銀河系裡面，一共有10^{11}顆恆星。以前這算得上是一個**巨大**的數字，但也不過是一千億而已，其實它還比我們政府的赤字來得少！我們以前總是把很大的數目稱為天文數字，現在我們應該稱之為經濟數字才對。」一時之間，整間教室籠罩在一片笑聲之中。而費曼在抓住了聽眾之後，就開始講他的正課。

先想清楚：學生為何要上這門課？

　　費曼的表演不論，他的教學技巧倒是非常簡單。在加州理工學院的檔案裡，夾雜在他的論文中間，我們找到他對教學哲學所作的總結。這是他在 1952 年間，在巴西寫給自己的一張字條，上面寫著：

　　第一件事是先想清楚，你為什麼要學生學習這門課，以及你要他們知道哪些東西。只要想清楚了這些事，則大致上憑常識就能知道該用什麼方法。

　　而費曼經由「常識」的啟發所得到的結果，往往是非常高明的訣竅，完美抓住了他要表達的重點。有一回公開演講，他試圖向聽眾解釋，為什麼根據一組實驗數據推想出一項觀念後，我們絕對不能再用這一組數據來驗證這項觀念是否屬實。在講解這個原則時，費曼居然開始談起汽車牌照，好像他漫不經心偏離了主題。他說：「你們可知道，今晚有件絕頂奇妙的事情發生在我身上。在我來此

講課的路上，從停車場經過。你們絕對想不到會發生這樣巧的事，我看到一部車，車牌號碼是ARW357。你想想看，加州全境內的車牌為數何止數百萬。在那麼多的車牌裡面，今晚能夠看到這個特殊的車牌號碼，機率會是多少呢？真是稀奇吧！」透過費曼出色的「常識」，一個讓許多科學家覺得棘手的觀念，立刻一清二楚。

費曼在加州理工學院服務的三十五年間（從1952到1987年），費曼共開過三十四門課。其中有二十五門屬高等研究生課程，按規定只讓研究生選修，大學部的學生則得先提出特別申請，獲准之後才能選修（不過實際情形是經常有大學生申請，也幾乎每個申請人都獲得批准），其他的課多是研究生的入門課程。只有一次的課，是純粹以大學部學生為對象，那是在1961～1962和1962～1963兩個學年內，以及1964年有一段短暫的重複。所以事實上他只在這一段著名的期間教過大一、大二物理，當時所講的講稿內容，就變成了後來的《費曼物理學講義》。

在那個時候，加州理工學院有個共識，認為大一、大二學生對必修的兩年物理課程，大都感到枯燥乏味，而不是受到激勵。為了彌補這個缺失，校方要求費曼重新設計一套兩年連續課程，從大一開始上，大二接著繼續上一年。當他同意接下這項任務之後不久，大家又決定，課程講義應該整理出版。

可是沒有人預料到這件差事會有多麼困難。如要拿出能夠印行的書，費曼的同事必須下極大的功夫，費曼自己也得如此，因為每章最後定稿仍得由他來完成。

課程的種種細節必須仔細處理，但是由於費曼事先對於他要討

論的內容只有個大略的綱要，使得課程的事務變得非常複雜。這意味著在費曼站到講堂前面，面對滿座的學生開口之前，沒有人知道他會講些什麼。幫助他的加州理工學院的教授們，在課後就得立即處理一些俗務，譬如針對他的演講設計一些作業等等。

讓物理學改頭換面

　　為什麼費曼願意花費兩年多的時間，來改革物理學入門課的教學？他從未與人說過，我們也只能猜測，不過大概有三個基本原因。首先是他喜愛有一堆聽眾，而大學部的課程和研究所的課相比，舞台更大，聽眾更多。其次是他的確由衷關心學子，認為教導大一學生是重要的事。第三，也可能是最重要的一點，就是單純基於接受這項挑戰的樂趣。他要把物理學按照他本人所瞭解的，改頭換面一番，讓年輕學子容易接受。

　　這最後一點正是他的看家本領，也是他用來判斷事情是否真正弄清楚了的客觀標準。有一次，一位加州理工學院的教授向費曼請教何以自旋（spin）1/2 粒子必須遵守費米－狄拉克統計（Fermi-Dirac statistics）。費曼很瞭解對方的程度，所以就說：「我會準備一回大一程度的演講來解釋這個問題。」可是過了沒幾天，費曼去找那位教授，告訴他說：「真抱歉，我已經試過了，但是一直無法把它簡化到大一的程度。也就是說，我們其實還不瞭解為什麼是這樣。」

　　費曼把深奧的觀念化約成簡單易懂的說法，在《費曼物理學講義》這部書中顯露無遺，尤以他處理量子力學的方式最能表現這種本事。對費曼迷來說，他所做的再清楚不過，他把路徑積分教給剛

入門的學生。這個方法是他自己創造出來的，讓他得以解決一些物理學裡最深奧的難題。費曼運用路徑積分所獲得的研究成果，加上一些其他成就，為他贏得了1965年的諾貝爾物理獎。那一年的共同得獎人是許溫格與朝永振一郎。

《費曼物理學講義》的價值

雖然時間上已經超過了三十年，許多當年上過他這門課的學生與教授說，跟著費曼學兩年物理是一輩子忘不了的經驗。但這是多年之後的回憶，當時人們的印象似乎並非如此。許多學生害怕這門課。課程進行中，修課的大學部學生出席率開始大幅降低，但同時也有愈來愈多的教授和研究生跑去聽課。教室仍坐滿了人，但費曼很可能一直不知道，他原來設想的聽眾漸漸減少了。

不過即使費曼不知道聽眾已經換了一批，他也覺得自己的教學效果不是頂好。他在1963年為《費曼物理學講義》寫序，裡面說：「我認為就學生的觀點看，我並不是太成功。」當我們重新閱讀這部書時，有時我們似乎感覺到費曼本人正站在我們背後指指點點，他的對象不是那些年輕的學生，而是物理同儕。費曼好像在說：「仔細看清楚！看我這個巧妙的講法！那不是很聰明嗎？」雖然他認為已經對那些大一或大二生把一切都解釋得夠清楚了，事實上，從他的演講中受益最多的一群，並不是那些大學新生，而是他的同行，包括科學家、物理學家、大學教授，他們才是費曼這項偉大成就的主要受益對象，他們學到的正是費曼鮮活的觀點。

費曼教授不只是一位偉大的教師，他的天賦在於他是一位非凡

的老師們的老師。如果他講授費曼物理學的目的，只是爲了教育一屋子大學部學生去解答考卷上的問題，我們不能說他有任何特別成功之處。此外，如果他的目的是爲了寫一套大學入門教科書，我們也不能說他非常圓滿的達成了目標。

　　但無論如何，這套書目前已經被翻譯成十種外國語文，另有四種雙語版本。費曼自己相信，他對物理學最重要的貢獻不會是量子電動力學，也不是超流體氦的理論，或極子（polaron）或成子。他這輩子最重要的貢獻就是那三紅本《費曼物理學講義》。他本人這個信念，讓我們有充分的理由來出版這套名著的紀念版。

古德斯坦（David L. Goodstein）

紐格包爾（Gerry Neugebauer）

1989年4月於加州理工學院

附錄二
費曼序
——《費曼物理學講義》作者序

　　本書的內容是前年跟去年，我在加州理工學院對大一和大二同學的物理課演講。當然，書中內容並非當時演講的逐字紀錄，其間或多或少經過了一些編輯。這些演講只是整個課程的一部分。修課的學生共有180位，他們一週兩次聚在一間大講堂內，聆聽這些演講。課後，這些學生就分散成許多小組，每組約有15到20位學生，在助教的指導下作複習。此外，每週還有一次實驗課。

　　這些演講的用意原是為了解決一個滿特殊的問題，這個問題就是如何維持大學新生對物理的興趣。他們從高中畢了業，進到加州理工學院來上大學，對物理非常熱中，又相當聰明。他們入學之前已經聽說過物理這門科學是多麼的刺激有趣，裡面有相對論、量子力學、以及各式各樣的時髦觀念。

　　不過他們在修了兩年的舊物理課程之後，許多同學就已經變得非常沮喪。因為從那種課程裡面，他們很少聽到了不起的現代新觀念。他們所學習的淨是些斜面、靜電學之類的東西。兩年下來，同學們反而變得麻木了。因此當時我們所面對的問題是：能否設計出

另一套新課程來，以便使得程度較高、較有興致的同學維持其熱忱。

　　這些演講絕對不是一般性的物理學介紹，而是很嚴謹的。我想要把班上最聰明的同學當作對象，但即使最聰明的同學，也無法完全瞭解演講中提到的每一件事，我想在可能範圍下盡量做到一件事，那就是在主題探討之外，提一下想法與觀念在各種情況下可能有的應用。所以我下了很大的功夫，務必使所有的說明都盡可能的精確，並且在每個情況下，隨時提醒同學，所提到的方程式和觀念如何放進物理架構中，以及他們在學了更多的知識之後，這些觀念可能得如何修正。

　　同時我還認為，教育優秀的學生，重點是要讓他們瞭解什麼是他們應該可以從過去所學的東西推導出來的，而什麼又是全新的概念，只要他們足夠聰明。每回遇到不一樣的觀念，如果它是可以推導的，我就會設法推導給大家看。否則我就會告訴同學，它**的確是**個嶄新的觀念，是加進來的東西，不能用以前學過的觀念來討論，所以是不能證明的。

鎖定積極進取的學生

　　在開始講這些課時，我假定同學離開高中之前，已經具備某些基本知識，例如幾何光學、簡單的化學觀念等等。另外我也不認為有任何理由，須把所有演講安排成一定的次序。也就是說，如果演講內容有一定的順序，那麼我在仔細討論某個概念之前，就不允許先去提到它。事實上，我會在沒有完整說明的情況下，多次先去提

到以後要講的東西，然後等到一切準備妥當、時機成熟後，才進一步做詳盡的討論。例如電感、能階的討論，首先都有一些定性的介紹，以後才會比較完整的去講解。

　　儘管我把講課主要對象鎖定為班上比較積極進取的同學，我希望也能兼顧到另一類同學。對他們來說，課程中那些額外的煙火以及附帶的應用，只會讓他們不安。我不期待這些同學能夠學會大半的演講內容。我的演講至少有個他**可以**理解的核心或基礎材料。我希望他們不要因為不能完全聽懂我的演講，而緊張起來。我不期待他們能夠瞭解一切，而只是要他們能弄清楚其中最重要、最直截了當的部分。當然，同學還是需要具有某些慧根，才能分辨出來哪些是中心定理和緊要觀念，哪些又是比較高深的附帶問題和應用。那些較難的部分，他們只能留待以後去弄懂。

　　當時講授這門課有個嚴重的缺失，就是課程進行的方式讓我無法從學生獲得任何關於演講的建議。這的確是嚴重的問題，到了今天我仍然不知這門課的口碑如何。整件事情基本上是一場試驗。設若現在另給我機會重新來過，內容肯定不會跟上次一模一樣，不過我希望**不必**要再講一次！但我自己覺得，就物理而言，第一年的課程令人相當滿意。

　　第二年則不是很令我滿意，原因是第二年課程一開始，輪到討論電與磁。我實在想不出來，有什麼能夠不跟往常雷同，卻又比較有趣的講解方式，所以我認為我對於電與磁的那些演講，沒什麼太大的作為。講完電與磁之後，原本接下來是打算講些物質的各種性質，不過主要是講一些例如基諧模態（fundamental mode）、擴散方程

226 費曼的 6 堂 Easy 物理課

式的解、振動系統、正交函數（orthogonal function）等等，也就是所謂「物理的數學方法」入門。現在回想起來，我又覺得如果我能重講一次，我會回到原來的構想。但是由於事實上並沒有重講的計畫，於是有人建議或許介紹一些量子力學可能是不錯的主意，這也就是你看到的《費曼物理學講義》第 III 卷。

大家都明白，希望主修物理的同學，大可以等到三年級才修量子力學。但是我這門課有許多同學，主要志趣是在別的學科上，他們只是把物理當成學習其他學科的背景知識而已。而通常一般講解量子力學的方式，會使得後面這類學生中的絕大多數，不會去選修量子力學，因為他們沒有那麼多的時間去花在量子力學上。然而在量子力學的實際應用上，尤其是一些比較複雜的應用，像在電機工程和化學領域裡，事實上並不需要用到量子力學裡叫人眼花撩亂的微分方程。所以我想出來了一個描述量子力學原理的辦法，學生不必先懂得微分方程式，就可以開始學習量子力學。

即使對物理學家來說，這樣把量子力學倒過來講，也是很有趣的挑戰。其中原委，讀者只需看過演講內容便不難明白。不過我認為這樣子教導量子力學的新嘗試並不是很圓滿，主要是因為最後沒有足夠的時間，因而只得把能帶（energy band）和機率幅在空間中的變化等一些重要東西，匆匆一筆帶過，我應該多花三、四節課來討論這些東西。此外，由於我以前從未用過這種方式講解量子力學，使得缺乏教學互動的缺陷更加嚴重。現在我相信，量子力學還是讓同學晚些學比較妥善。如果將來有機會再來一次，我想我會改正過來。

至於書中沒有專門探討如何解題的演講，是因爲課程中本來就有演習課，雖然我的確在第一年課程裡用了三堂課來講解如何解題，但它們沒有被錄進書內。另外還有一堂課談到慣性導引，照理應該是放在旋轉系統那一講的後面，卻不幸被遺漏掉了。＊　又書中的第15、16兩章，因爲那幾天碰巧我有事外出，事實上是由我的同事山德士代的課。

期待教學相長

當然，大家都想知道這場試驗的結果，成敗究竟如何。依我個人的看法，可說是相當悲觀，雖然多數與學生有接觸的同仁並不同意這樣的看法。我認爲就學生的觀點看，我並不是太成功。當我看到大多數同學考卷上的答案，我想整個系統是失敗了。

當然，我的朋友指出了，學生當中有十幾二十個人，居然能瞭解全部演講裡面幾乎所有的內容。這些同學非常起勁的學習，而且能夠興致勃勃的思考很多細節。我相信這些人目前已經具備第一流的物理知識背景，而他們正是我原先心目中最想要教導的對象。但是話得說回來，歷史學家吉本（Edward Gibbon, 1737-1794）說過：「除了在特殊的情況下，教學大致是沒有什麼效果的，而在那些有效果的愉快場合中，教學幾乎是多餘的。」

＊　中文版注：這幾堂課請參閱《費曼物理學訣竅：費曼物理學講義解題附錄》，天下文化出版。

　　無論如何，我絕無意思要放棄任何學生，不過結果可能未如理想。我認為有個可行的辦法可以多幫忙一些同學，那就是再多下點功夫，製作出一套習題來，希望藉以把演講中的觀念闡明得更明白。習題往往能彌補演講素材的不足，可讓物理觀念變得更真切、更完整、更能深入腦海。

　　不過我想，教育問題只有一個解決辦法，就是認清只有當學生與好老師之間存在著直接的關係之下，老師才可能把課教好，在這種情況之下，學生可以和老師討論想法，思考事情，以及談論所學。光是到教室聽講，甚至只是把老師指派的習題都做過一遍，學習效率仍不會非常理想。但是現今學生人數太多，我們必須找出能替代理想方式的法子。

　　也許，我的這些演講能夠有些貢獻。也許，在世上某個角落，仍有一些個別的老師與學生，他們可以從這些演講中得到某些靈感或是想法。或許他們在思考這些觀念時，能獲得一些樂趣，甚至能進一步發展書中的一些想法。

理查・費曼（Richard P. Feynman）

1963 年 6 月

閱讀筆記

The Feynman

科學文化 BCS207B

費曼的 6 堂 Easy 物理課

Six Easy Pieces: Essentials of Physics
Explained by Its Most Brilliant Teacher

作者 —— 費曼（Richard P. Feynman）
譯者 —— 師明睿、高涌泉
審訂 —— 高涌泉
策畫群 —— 林和（總策畫）、牟中原、李國偉、周成功
總編輯 —— 吳佩穎
編輯顧問暨責任編輯 —— 林榮崧
責任編輯 —— 張孟媛、徐仕美
封面設計暨美術編輯 —— 江儀玲

出版者 —— 遠見天下文化出版股份有限公司
創辦人 —— 高希均、王力行
遠見・天下文化 事業群榮譽董事長 —— 高希均
遠見・天下文化 事業群董事長 —— 王力行
天下文化社長 —— 王力行
天下文化總經理 —— 鄧瑋羚
國際事務開發部兼版權中心總監 —— 潘欣
法律顧問 —— 理律法律事務所陳長文律師
著作權顧問 —— 魏啟翔律師
地址 —— 台北市 104 松江路 93 巷 1 號 2 樓

讀者服務專線 —— 02-2662-0012 ｜ 傳真 —— 02-2662-0007, 02-2662-0009
電子郵件信箱 —— cwpc@cwgv.com.tw
直接郵撥帳號 —— 1326703-6 號　遠見天下文化出版股份有限公司

排版廠 —— 極翔企業有限公司
製版廠 —— 東豪印刷事業有限公司
印刷廠 —— 中原造像股份有限公司
裝訂廠 —— 中原造像股份有限公司
登記證 —— 局版台業字第 2517 號
總經銷 —— 大和書報圖書股份有限公司　電話／(02)8990-2588
出版日期 —— 2001 年 5 月 5 日第一版第 1 次印行
　　　　　　2024 年 5 月 17 日第四版第 1 次印行

國家圖書館出版品預行編目(CIP)資料

費曼的6堂Easy物理課/費曼(Richard P.
Feynman)作；師明睿譯. -- 第二版. -- 臺北市
: 遠見天下文化, 2013.08
　面；　公分. -- (科學文化；CS207)
譯自：Six easy pieces : essentials of physics,
explained by its most brilliant teacher
ISBN 978-986-320-264-6(精裝)

1.物理學

330　　　　　　　　　　　　　102016118

定價 —— 380 元
條碼 —— 4713510944585
書號 —— BCS207B
天下文化官網 —— bookzone.cwgv.com.tw

本書如有缺頁、破損、裝訂錯誤，請寄回本公司調換。
本書僅代表作者言論，不代表本社立場。